硅谷工程师爸爸的超强数学思维课

# 图解数学思维训练课

## 建立孩子的数学模型思维

数字与图形 · 加法与减法应用训练课

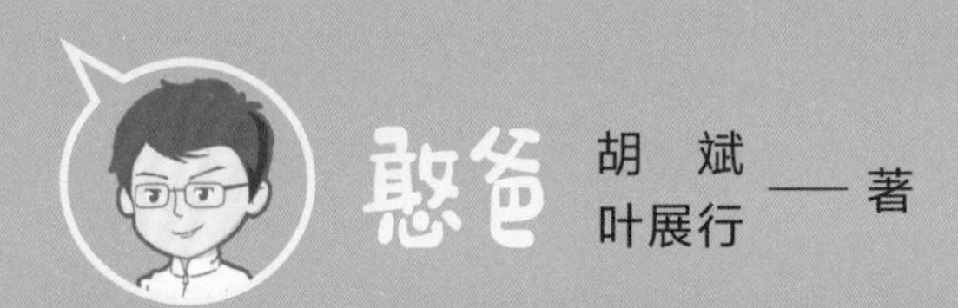


胡 斌
叶展行 —— 著

人民邮电出版社
北京

**图书在版编目（CIP）数据**

图解数学思维训练课 ： 建立孩子的数学模型思维. 数字与图形·加法与减法应用训练课 / 憨爸, 胡斌, 叶展行著. -- 北京 ： 人民邮电出版社, 2020.7
（硅谷工程师爸爸的超强数学思维课）
ISBN 978-7-115-54013-3

Ⅰ. ①图… Ⅱ. ①憨… ②胡… ③叶… Ⅲ. ①数学－儿童读物 Ⅳ. ①01-49

中国版本图书馆CIP数据核字(2020)第081673号

## 内 容 提 要

图形化思维能力是数学思维中极其重要的部分。本书面向学龄前到小学阶段的孩子，详细阐述了图形化建模的原理、步骤和思维方法，由浅入深地引导孩子通过画图的方式思考并解决数学问题，形成良好的沟通和思维习惯，进而解决生活中的实际问题，为孩子初中、高中阶段的学习奠定基础。

本书首先阐述了数字与图形的关系，带孩子迈入图形化思维的大门。之后详细讲解了"部分-整体"画图法和"比较"画图法两大方法，来解决加法、减法相关的数学应用题。最后，以趣味性STEAM项目的形式培养孩子的实际问题解决能力。

书中的章节分为两大类，一是知识点讲解及训练，通过循序渐进的思考过程解析来培养孩子的图形化思维，并辅以大量的思维训练巩固学习效果。二是STEAM项目，引入先进的项目制学习体验，通过生动有趣的科学、工程或技术项目，训练孩子利用图形化思维来解决实际应用问题的能力。

本书还配套开发了一套视频课程，帮助孩子更好地学习。

本书由北京景山学校数学教师王宁、北京市三帆中学英语教师任雨橦参与审校，特此感谢。

◆ 著　　憨 爸　胡 斌　叶展行
责任编辑　宁 茜
责任印制　彭志环

◆ 人民邮电出版社出版发行　北京市丰台区成寿寺路 11 号
邮编　100164　电子邮件　315@ptpress.com.cn
网址　https://www.ptpress.com.cn
涿州市般润文化传播有限公司印刷

◆ 开本：787×1092　1/16
印张：8.75　　2020 年 7 月第 1 版
字数：175 千字　　2025 年 1 月河北第 14 次印刷

定价：53.00 元

读者服务热线：(010)53913866　印装质量热线：(010)81055316
反盗版热线：(010)81055315
广告经营许可证：京东市监广登字20170147号

# 序言

我问大家一个问题啊，你觉得数学里什么题目最难啊？

我估计绝大多数的孩子都会说是“应用题”！

的确，应用题在数学考试中分值最大，分数占比也高。更为关键的是，应用题是那种“会就是会、不会就是不会”的题目。孩子看到的就是洋洋洒洒的一大段文字描述，如果他们没办法根据文字列出正确的表达式，那这么大分值的题目很可能一分都拿不到。

那如何帮助孩子快速地解答应用题呢？

在新加坡的数学教学体系里，有一种叫作“建模”的方法，它的核心思想就是将应用题的文字用图形化的方式表示出来，然后根据图形再列出表达式，这样一来解答应用题就会变得非常容易。

我写这本书的目的，就是将新加坡数学教学中的建模法和中国的数学学习方法相结合，用画图的方式帮助孩子解决数学里的各种应用题。

这套《图解数学思维训练课：建立孩子的数学模型思维》一共分为 3 册，包括“数字与图形·加法与减法应用训练课”“乘法与除法应用训练课”“多步计算应用训练课”，共 11 章，从易到难，一步一步教会孩子如何利用画图的方式来解题。

第 1 步　教画图的基本概念，用方框来抽象地表示应用题中的数据。

第 2 步　教加减法的画图法，针对加法和减法相关的应用题画出模型图。

第 3 步　教乘除法的画图法，针对乘法和除法相关的应用题画出模型图。

第 4 步　教多步计算画图法，针对多步计算相关的应用题快速地画出模型图。

**每章分为 3 个板块：**

❶ 知识点学习：包括本章的知识点，以及例题讲解。

❷ 思维训练：每一章都配有习题，帮助孩子巩固本章学到的知识。

❸ 英语小拓展：罗列了英语应用题中的关键词，帮助孩子在做英语应用题时，迅速抓到题目的核心。

这套书还有一个很有特色的板块，叫作“STEAM 项目”。我们将美国教学体系中的项目制学习法（PBL，Project-Based Learning）引入中国，利用一个一个的小项目，训练孩子解决问题的能力，并且加强他们的数学应用能力，使他们能将自己学到的数学知识应用于实际问题中。

同时，为了帮助父母更好地引导孩子，我们给这套书配了视频课程，我会用动画的形式给孩子详细讲解每一个知识点，帮助他们更加深入地理解书中的内容。在每章标题页，都放有视频课程的二维码，同时标注与本章内容相关的视频课程名称，扫码后就能选择观看对应章节的动画视频课程内容了！

为了帮助孩子拓展练习，我们还专门制作了一本《英语应用题练习册》，里面有 40 道全英文的数学应用题，涉及加法、减法、乘法、除法以及混合运算（练习册末尾会配上每道英语应用题对应的中文题目和参考答案）。英语应用题阅读难度不高，词汇也很简单，但却非常有利于锻炼孩子的阅读理解能力。我们想通过这本练习册，一方面锻炼孩子的数学应用能力，另一方面训练孩子的英语阅读理解能力，两全其美！

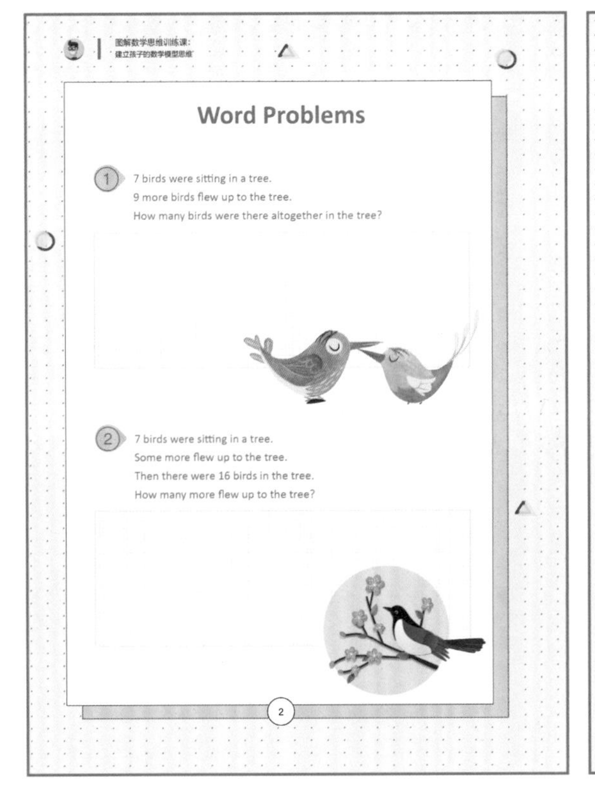
图解数学思维训练课：
建立孩子的数学模型思维

Word Problems

1. 7 birds were sitting in a tree.
9 more birds flew up to the tree.
How many birds were there altogether in the tree?

2. 7 birds were sitting in a tree.
Some more flew up to the tree.
Then there were 16 birds in the tree.
How many more flew up to the tree?

2

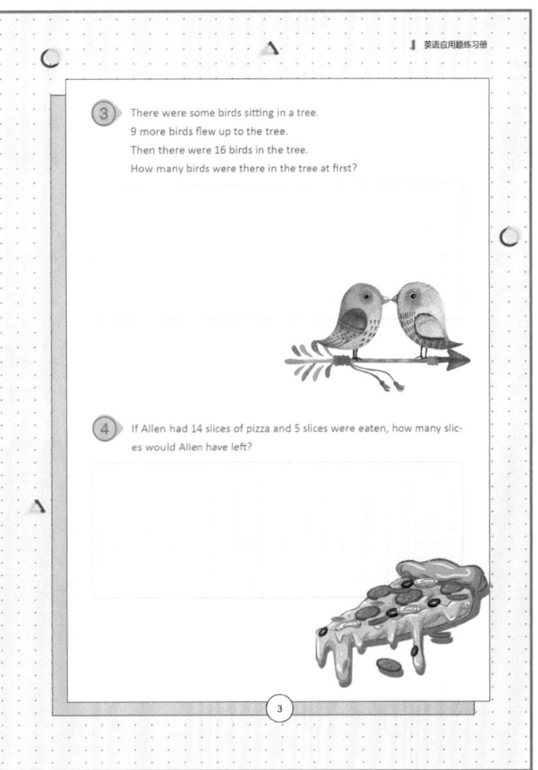
英语应用题练习册

3. There were some birds sitting in a tree.
9 more birds flew up to the tree.
Then there were 16 birds in the tree.
How many birds were there in the tree at first?

4. If Allen had 14 slices of pizza and 5 slices were eaten, how many slices would Allen have left?

3

这个练习册目前为非卖品，仅做成电子版供读者下载。你可以扫描下方二维码，关注我的微信公众号“憨爸在美国”，然后在公众号内回复“数学思维”，就能获得这个练习册电子版的下载链接了！

憨爸

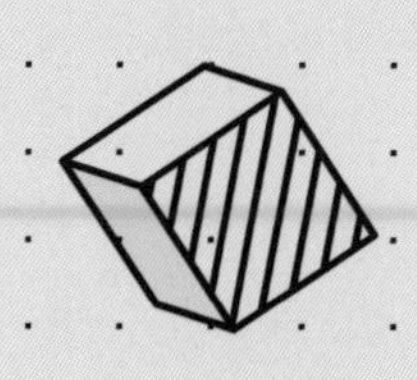

# 前言

孩子学数学时，他们觉得最难的就是解应用题。下面这道一年级的应用题就难倒过不少孩子。

> 一辆45路公交车上有22人，到中山路站后，上来的人数比下去的人数多5人，问此时车上一共有多少人？

一般，有关公交车的上下车问题，题目都会告诉孩子：上车多少人、下车多少人，这样结合初始总人数加加减减就会很容易得出答案。

可是这道题目完全不是这样，它最难的地方在于，没有透露任何上下车的具体人数。因此遇到这样的题目，孩子会傻眼，这到底该怎么列算式呢？

其实这类问题一点儿也不难，关键是要给孩子建立起一种叫作“建模”的数学思维方法，通俗一点儿讲，就是画图的思维方法。

## 什么是建模呢？

建模就是针对特定的题目建立模型，它是将应用问题抽象成数学问题的过程。我国《义务教育数学课程标准（2011 年版）》前言里有这么一句话：“模型思想的建立是学生体会和理解数学与外部世界联系的基本途径。”因此建模是中小学生必须掌握的方法之一！

不仅在我国，建模的思维方法在新加坡、美国、俄罗斯的数学教学体系里都得到了大量的应用，尤其是在新加坡，大家称建模为“Model Method”，新加坡小学阶段的数学教学都是围绕建模来展开的。

## 究竟该如何建模呢？

建模是针对具体应用问题的一个模型化的抽象过程，因此建模需要 3 步：

第 1 步，读懂并理解题目文字所表达的意思。

第 2 步，根据题目意思建立模型图。

第 3 步，根据模型图列出算式，并解出答案。

对于很多孩子来说，遇到应用题时，第 1 步和第 3 步相对容易一些。如果孩子语文或者英语基础不错的话，那么第 1 步中的读懂题目一般没什么问题。如果孩子计算能力还行的话，那么通过算式解出答案也不会有什么障碍。

最困难的其实是第2步，它需要孩子能够找出题目中各个数量之间的关系，并将这些关系转化成模型图。这就是一个抽象建模的过程，用到的是将实际的应用问题转化为数学模型的思想，这种建模能力将会影响孩子从小学到大学的数学思维水平。有的孩子看到题目之后，可以很快找出题目中各个数量之间的关系，有的孩子可能在看到题目之后，不知道如何下手，一头雾水。其中的差别就是孩子有没有掌握好科学的建模思想。

回到我们前面说的那道小学一年级的应用题：

一辆45路公交车上有22人，到中山路站后，上来的人数比下去的人数多5人，问此时车上一共有多少人？

如果通过建模的方法来解题，就会很好理解：

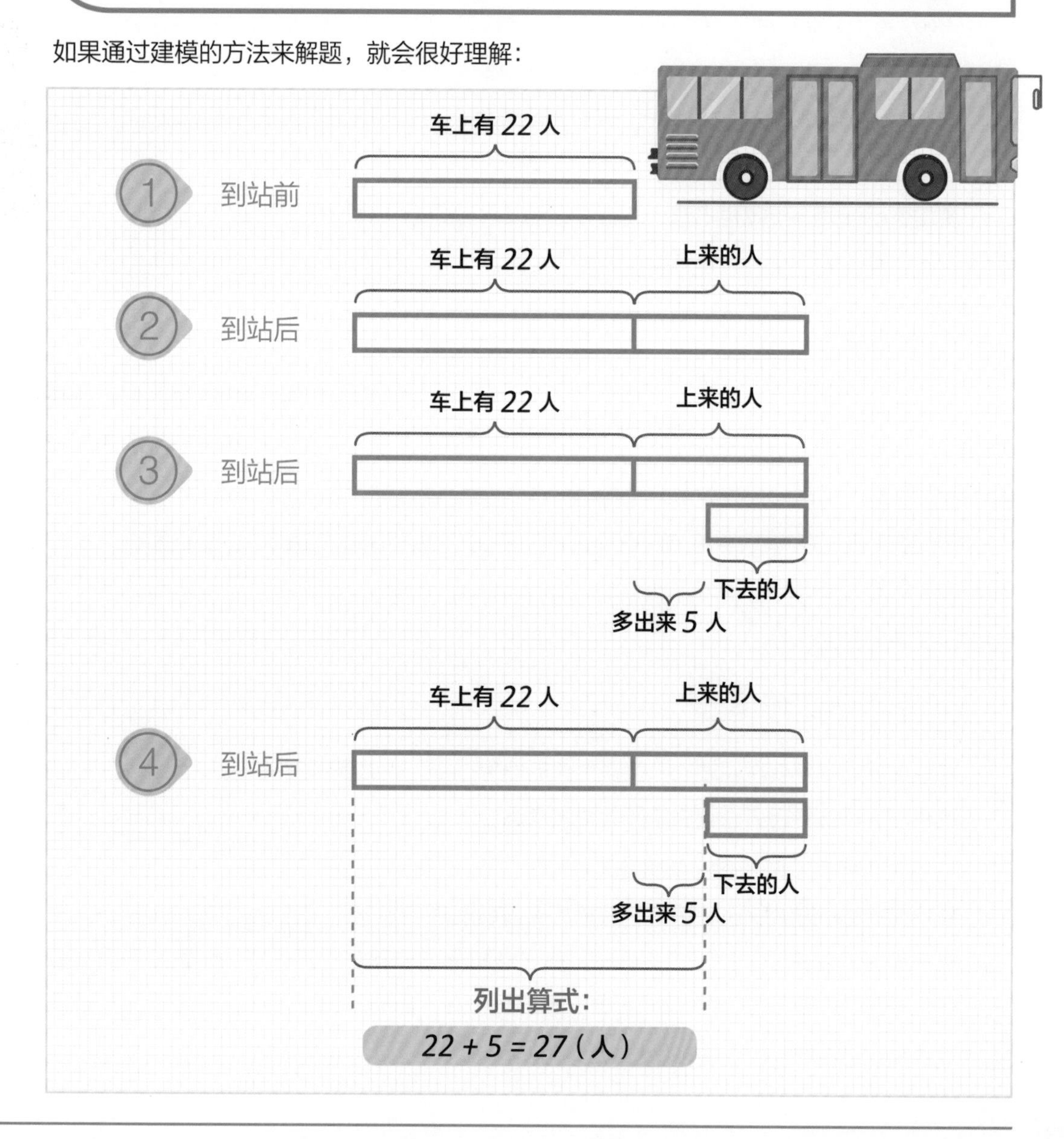

你看，把题目中描述的数量和关系用模型图画出来，就一目了然了，通过图形也可以很容易就把算式列出来。因此孩子只要养成了建模的习惯，就具备了把复杂的问题解构、简化的能力，今后无论遇到什么样的应用题，都可以做到成竹在胸。

- 建模的方法甚至对于孩子以后的代数、方程的学习也有很大作用，它可以帮助孩子梳理变量之间的关系，建立方程式。
- 建模方法不仅仅有助于分析问题和解题，同时也是非常好的沟通工具，一图胜千言，作为一种可视化的表现形式，建模方法能更为直观、易于理解地表现逻辑关系，可以作为同学之间、同学和老师之间探讨交流的载体。

我写这本书的目的，就是给孩子介绍建模思维，让孩子学会用图形化的方法去解各种数学应用题，进而解决生活中的实际问题。

书中的章节分为两大类：

## 第1类 知识点讲解及训练

通过循序渐进的解题过程培养孩子的图形化思维。

它分为 3 个板块：

1. **知识点学习**：这部分是讲解本章的知识点内容。
2. **思维训练**：这部分是给孩子训练用的，让他们加深对这个章节知识点的理解。
3. **英语小拓展**：这是本书的特色，列出了典型的数学应用题关键词的英语表达，并提供了典型的英语应用题型。

## 第2类 STEAM项目

在一到两个知识点的讲解和训练之后，会紧跟着一个 STEAM 项目的章节。

STEAM 是 Science（科学）、Technology（技术）、Engineering（工程）、Art（艺术）和 Math（数学）的统称，这部分将通过一个 STEAM 的 Project（项目）来训练孩子利用图形化思维解决实际应用问题的能力。

难度图示：书中有些题目会出现☆的标志，这个标志表示题目偏难，☆越多则表示难度越高。

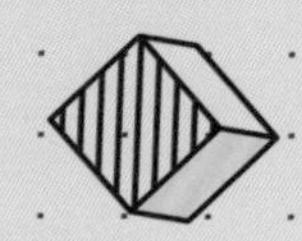

# 目录 Contents

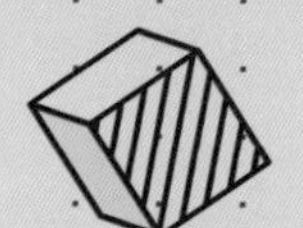

# 第1章

配视频课程

# 数字与图形

本章知识点相关视频课程：

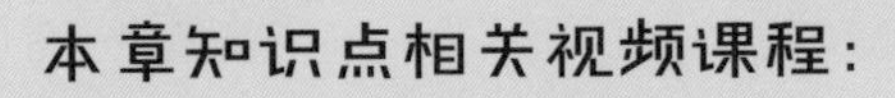

第1节　数字与图形（一）

第2节　数字与图形（二）

# 知识点学习

## 苹果和积木

小朋友们都玩过乐高积木吧？

我们一起来玩一个小游戏——用乐高积木来计算苹果的数量吧！请拿出 4 块积木，不过每块积木的大小都得一样哟（如果没有乐高的话，用别的积木也一样的）！

桌上有 1 个苹果，那我们就用 1 块积木来表示，像下面这样，苹果和积木是一一对应的：

如果有 2 个苹果，那就用 2 块积木来表示：

我们还可以把 2 块积木拼在一起，这样也可以表示 2 个苹果：

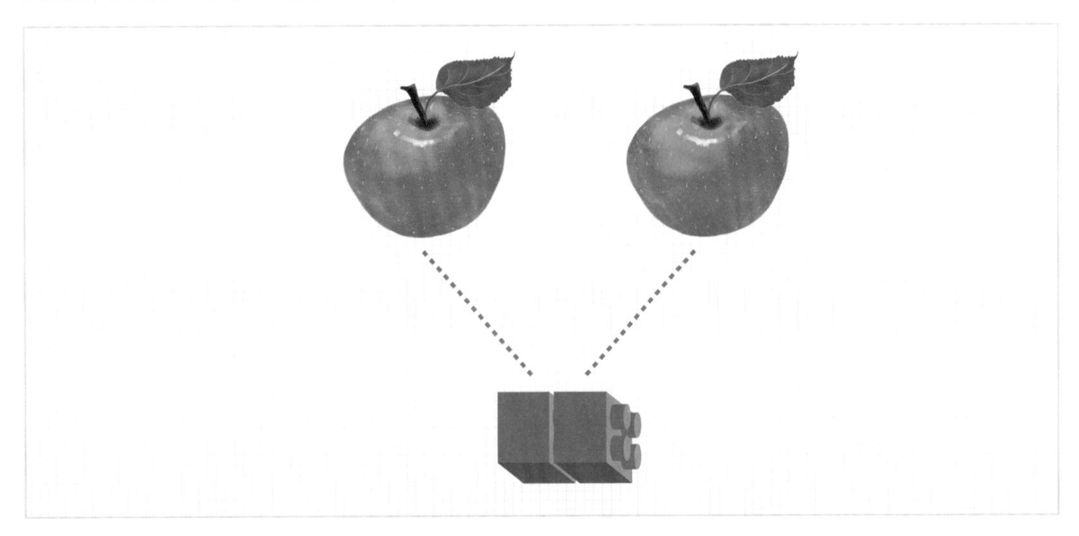

同样的，4 个苹果怎么表示呢？我们可以用 4 块拼在一起的积木来表示：

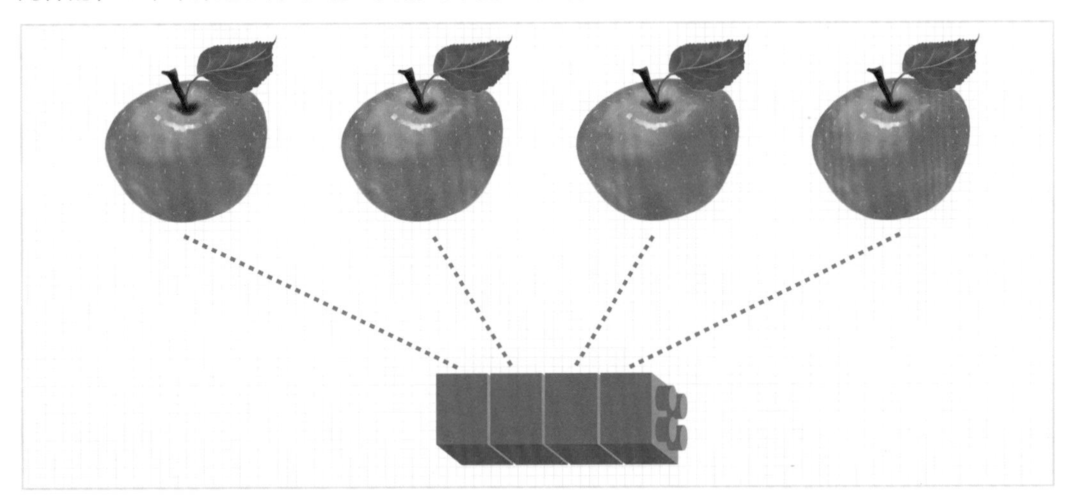

这样数苹果的数量会很简单，只要数数有多少块积木就知道苹果有多少个了！

没关系，我们可以再换另外一种表示方法，在纸上画一个方格代表积木方块。这样的话，多少个苹果就可以通过画多少个方格的方法来表示。

1 个苹果画 1 个方格：

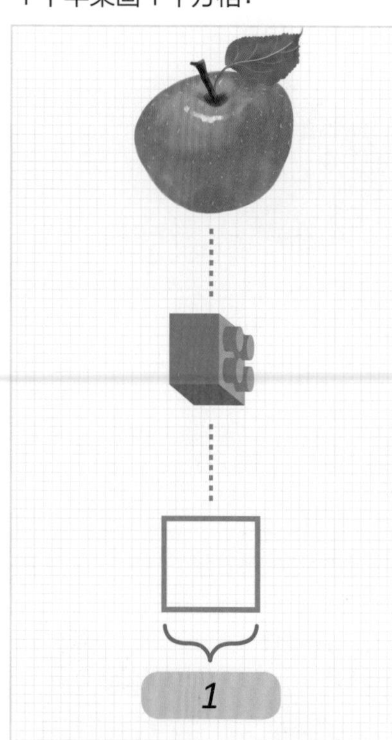


2 个苹果就可以画 2 个方格：

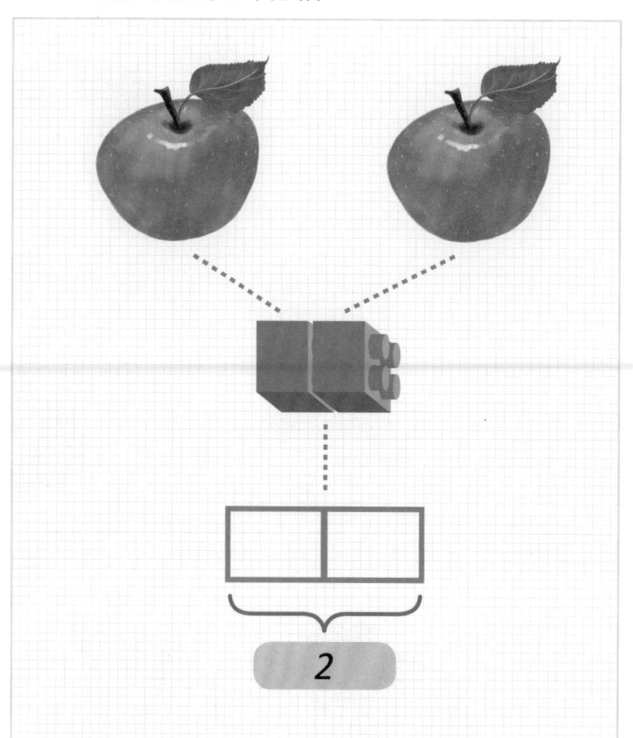


4 个苹果那就是 4 个方格啦：

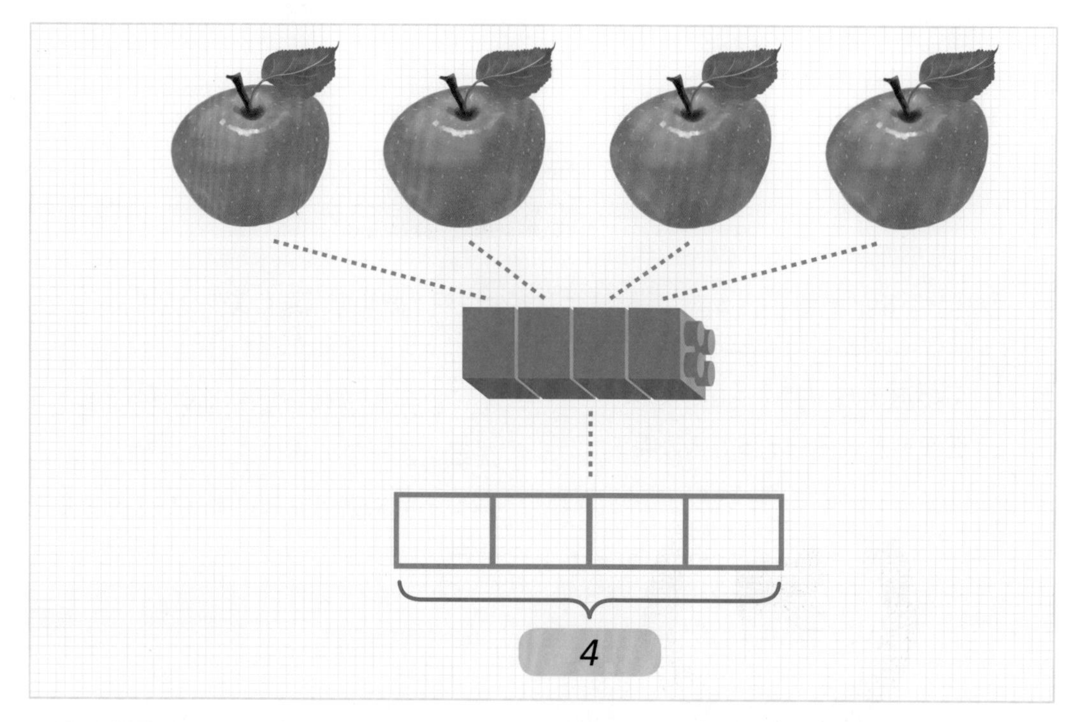


这样只要数数方格的数量，我们就能知道苹果的数量了！

可是，这个方法也有一个问题，那就是如果有 100 个苹果的话，我们岂不是要画 100 个方格啊？如果苹果有 1000 个、10,000 个又该怎么办？画那么多方格太累了！

这里有一个更好的方法。

我们把乐高积木拿走，然后只需要画一个方框来表示 4 个苹果，里面不需要再分成一个个的小方格。接着把苹果的数量写在方框的下方，就像下图这样：

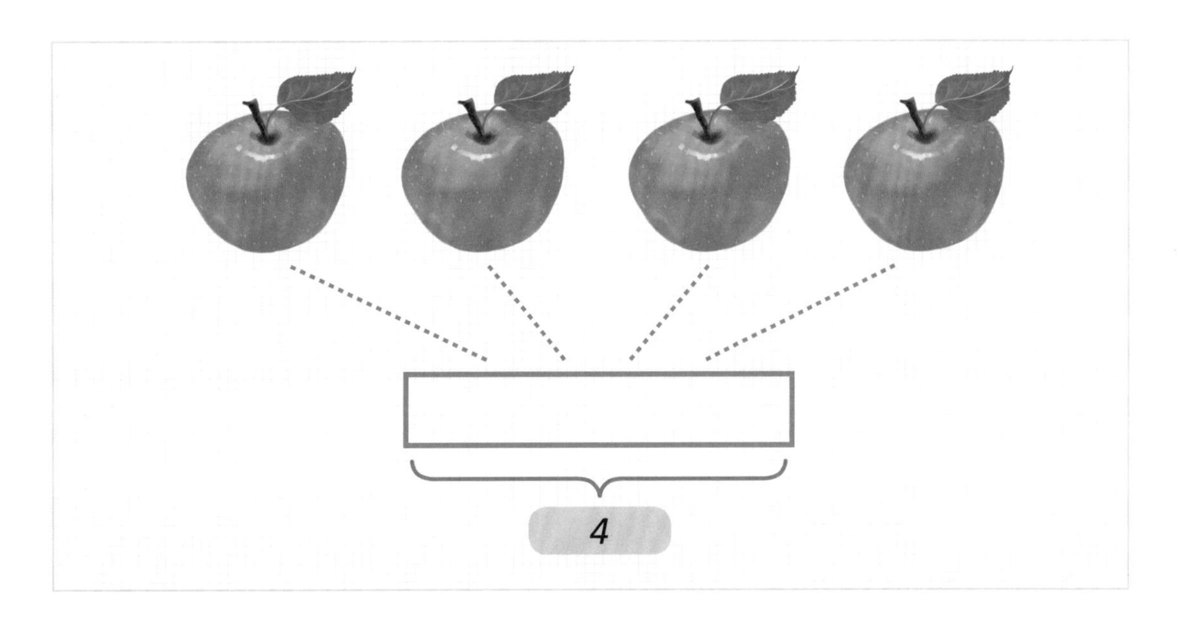


这种用画方框来表示物品以及物品数量的方法，就是画图法。画图有 3 个步骤：1. 画一个方框。2. 画一个大括号。3. 写上数量。

## 孙悟空和猪八戒

前面学习的画图法表示的是苹果的数量，现在我们来讲个小故事。

小朋友们都喜欢看《西游记》吧？《西游记》里谁最馋啊？

对了，肯定是那个好吃懒做的猪八戒了！

话说有一天，师徒四人来到一处庄园，庄园的老员外请唐僧师徒吃素包子。于是孙悟空道了一声感谢，随手拿起了 4 个包子。

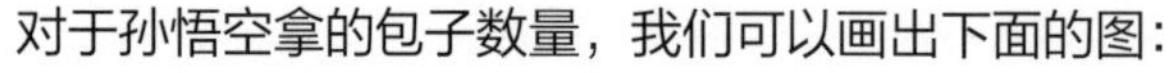
对于孙悟空拿的包子数量，我们可以画出下面的图：

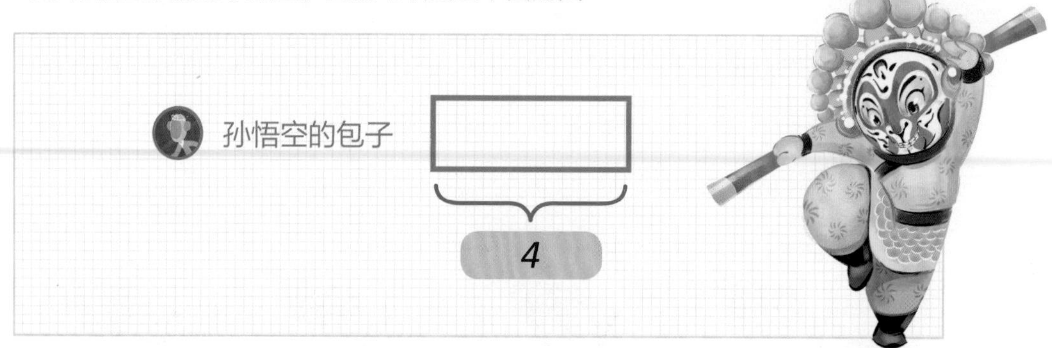

孙悟空正准备吃的时候，突然一抬头，发现身旁的猪八戒竟然一把抓起了 5 个包子往嘴里塞。

那么对于猪八戒拿的包子数量，我们可以画出下面的图，然后和表示孙悟空拿包子数量的图放在一起。

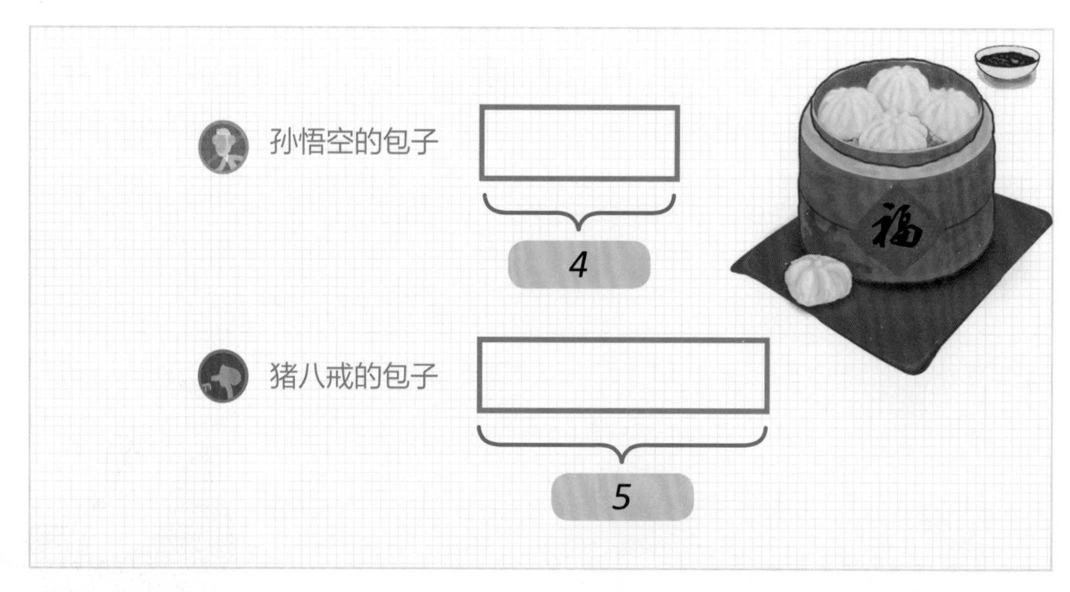


在上面这张图里，因为猪八戒拿的包子比孙悟空拿的多，所以猪八戒的方框就比孙悟空的方框更长一些。

画图虽然很简单，但也有 4 个基本的规则：

❶ 方框的长度代表了数字的大小。

❷ 越长的方框代表的数字越大；越短的方框代表的数字就越小。

❸ 如果两个方框一样长，那么它们代表的数字也就一样大。

❹ 多个方框的起点要对齐。

因此，有时候我们并不需要知道具体的数量，只需要比较方框的长度，就能比较数字的大小。

老员外等唐僧师徒吃完饭后，又捧了一堆香蕉请他们吃。
老员外先分给孙悟空几根香蕉。

怎么表示孙悟空拿的香蕉数量呢？我们可以用下面的图来表示，因为不知道具体有几根，所以没有写上数字：

猪八戒一看到猴哥的香蕉，馋得口水都流下来了。于是，
老员外乐呵呵地也给了他几根香蕉，数量和孙悟空的一样。

这时候怎么画图来表示猪八戒的香蕉数量呢？

想一想吧！

对了，两个方框应该一样长！

孙悟空的香蕉

猪八戒的香蕉

（方框的长度是一样的）

可是猪八戒这个贪心的家伙并不满足，他趁着老员外不注意，又偷偷多拿了几根。

现在猪八戒的香蕉比孙悟空的多了，我们又该怎么画图呢？

注意看下面的图，表示猪八戒的香蕉的方框，是不是要比表示孙悟空的长一些呢？

孙悟空的香蕉 ☐

猪八戒的香蕉 ☐

（猪八戒的方框比孙悟空的长）

猪八戒得意洋洋地拿到一堆香蕉，随即张开大嘴，一口就吞掉好几根。

这时候，他手中的香蕉又比孙悟空的少了，这回该怎么画呢？

孙悟空的香蕉 ☐

猪八戒的香蕉 ☐

（猪八戒的方框比孙悟空的短）

# 思维训练

1. 草丛里有 3 只小兔子，请取出大小相同的 3 块乐高积木，用它们来代表小兔子吧。

（1）每只小兔子下方放一块积木。

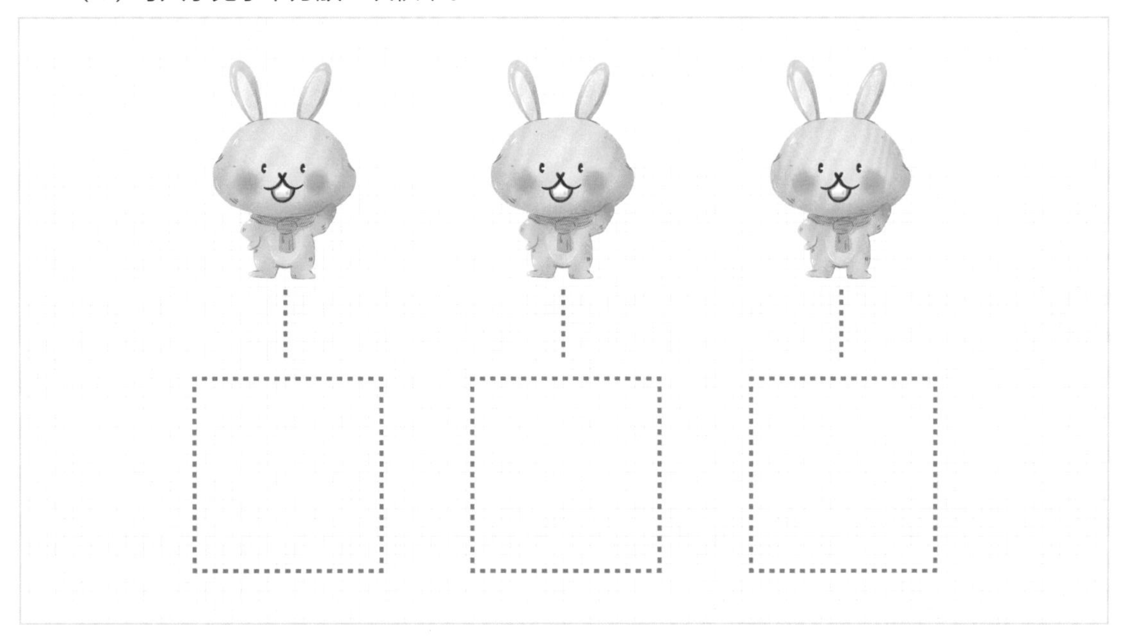

（2）然后把乐高积木拼在一起，放在下面的方框里，数一数这一组积木共有几块呢？

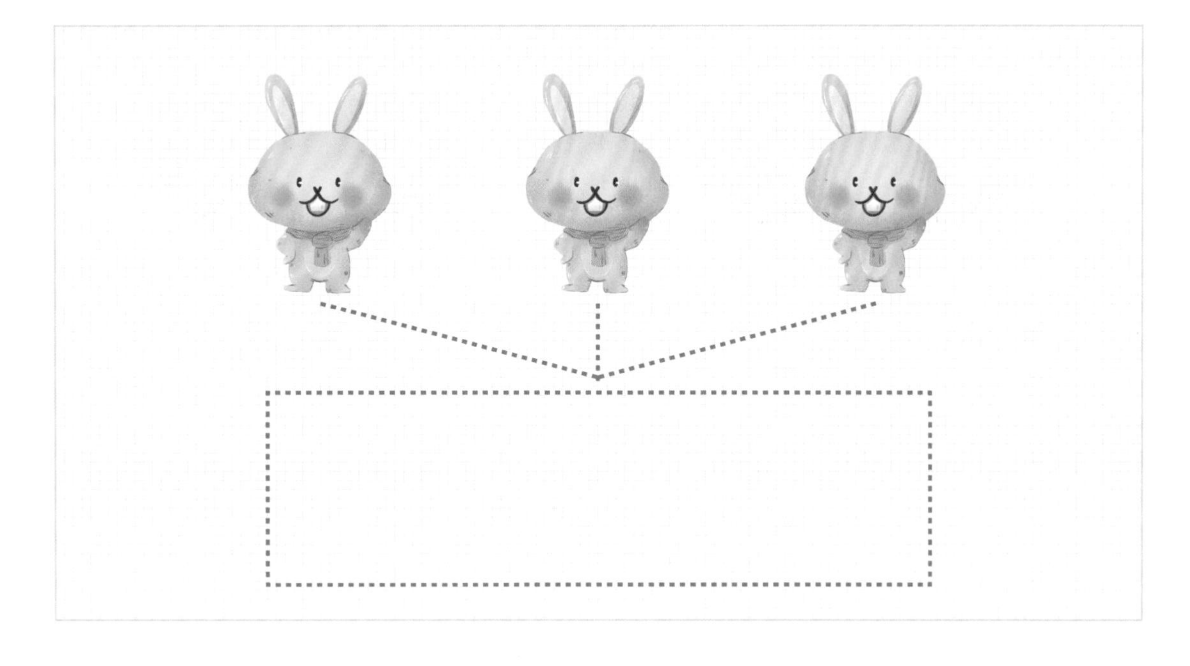

（3）如果用一个方格代表一块积木，那么下面的长方形应该分成几个方格呢？在图里将方格都画出来吧！

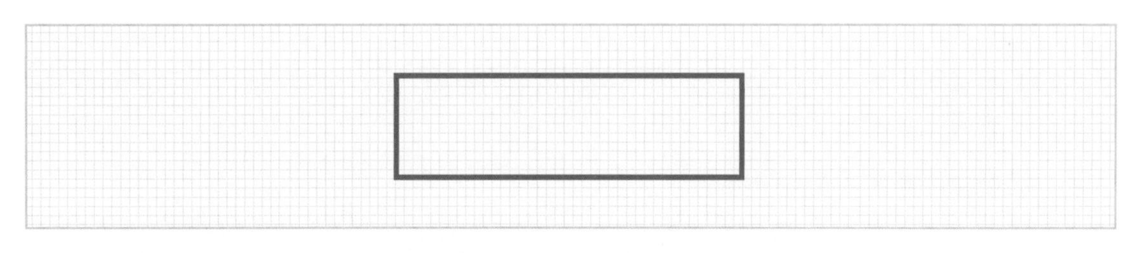

（4）如果只用 1 个方框，配合数字，该怎么表示 3 只小兔子呢？

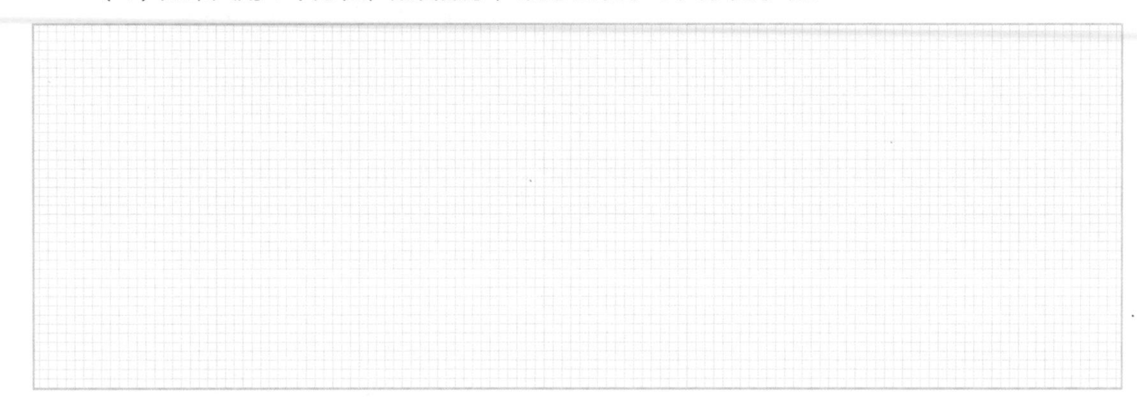

2. 妈妈给小军买了 5 个皮球，请取出大小相同的 5 块乐高积木，用它们来代表皮球吧。

（1）在每个皮球下方放一块积木。

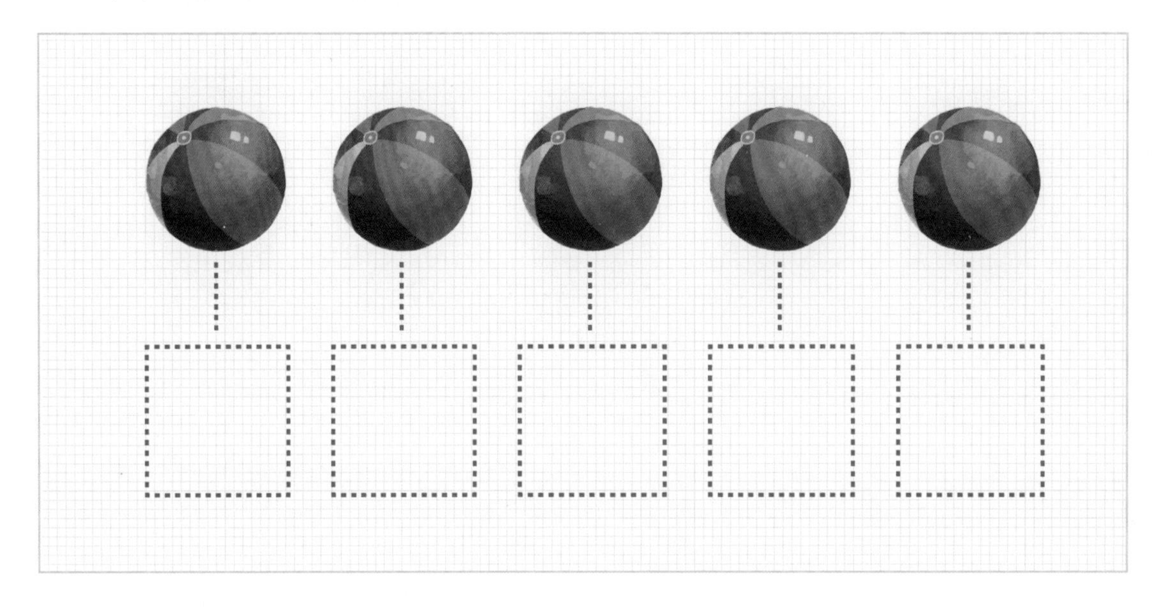

（2）然后把乐高积木拼在一起，放在下面的方框里，数一数这一组积木共有几块？

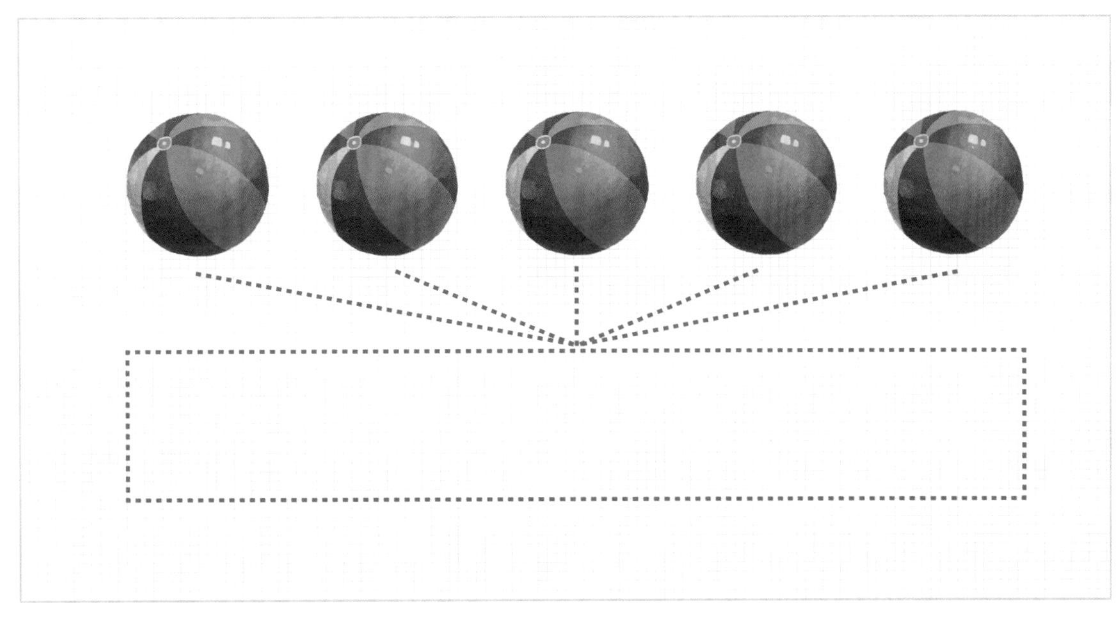

（3）如果用一个方格代表一块积木，那么下面的长方形应该分成几个方格呢？在图里将方格都画出来吧！

（4）如果只用 1 个方框，配合数字，该怎么表示 5 个皮球呢？

3. 几只小狗在公园里玩，下面的图表示小狗的数量：

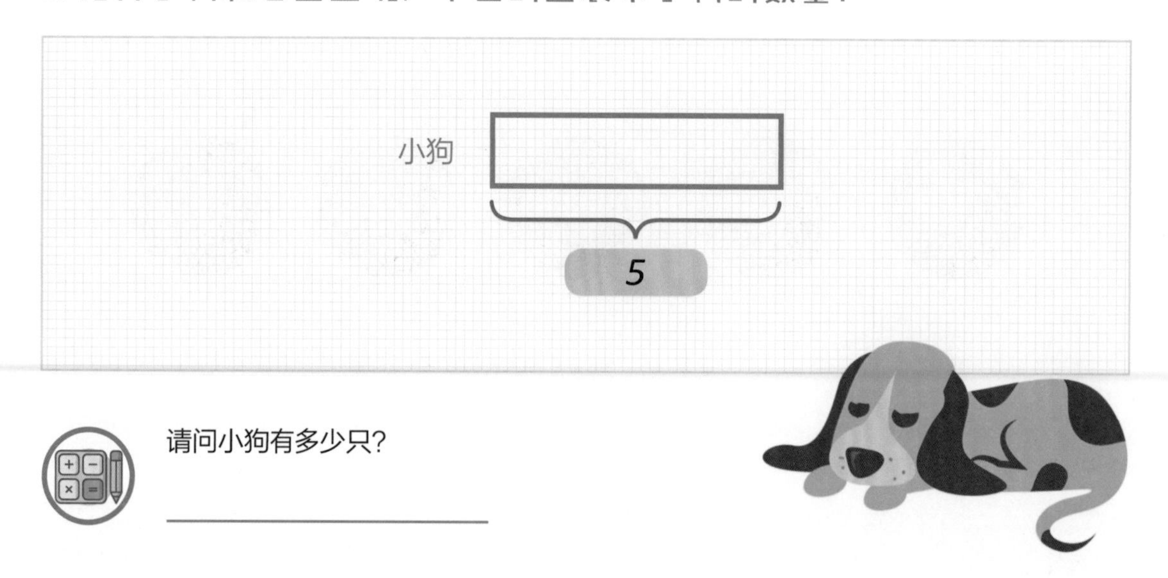


请问小狗有多少只？

______________________

4. 美术课上，老师拿出了一些红色画笔和蓝色画笔，下面的图分别表示红色画笔和蓝色画笔的数量：

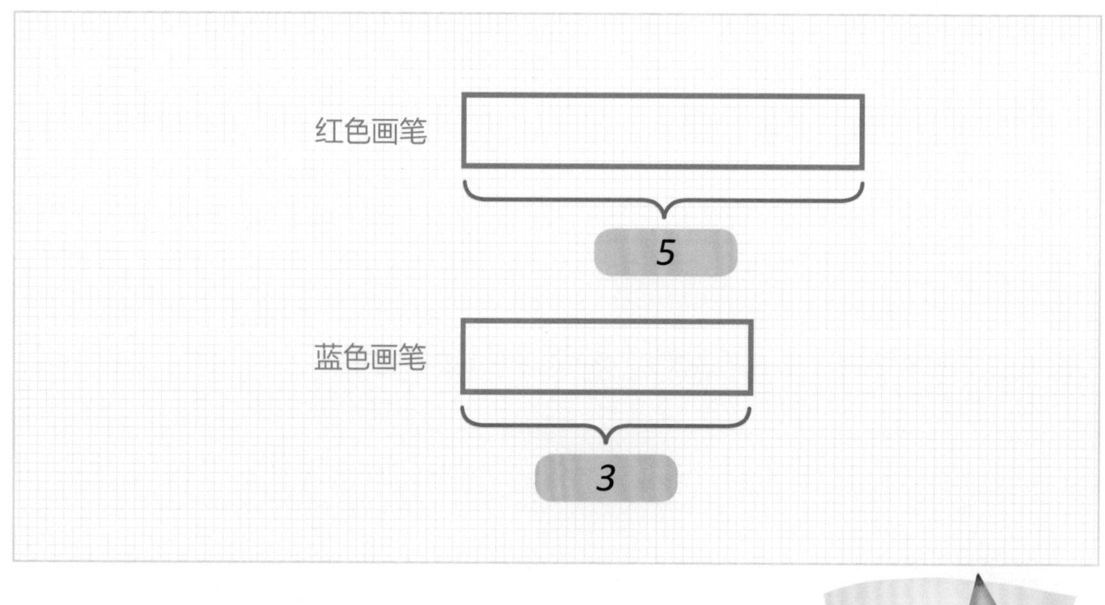

请问红色画笔有多少支？ ______________________

蓝色画笔有多少支？ ______________________

红色画笔和蓝色画笔哪个更多？

□ 红色画笔　□ 蓝色画笔　□ 一样多

5. 学校艺术节，弹钢琴的人数和唱歌的人数用下面的图来表示：

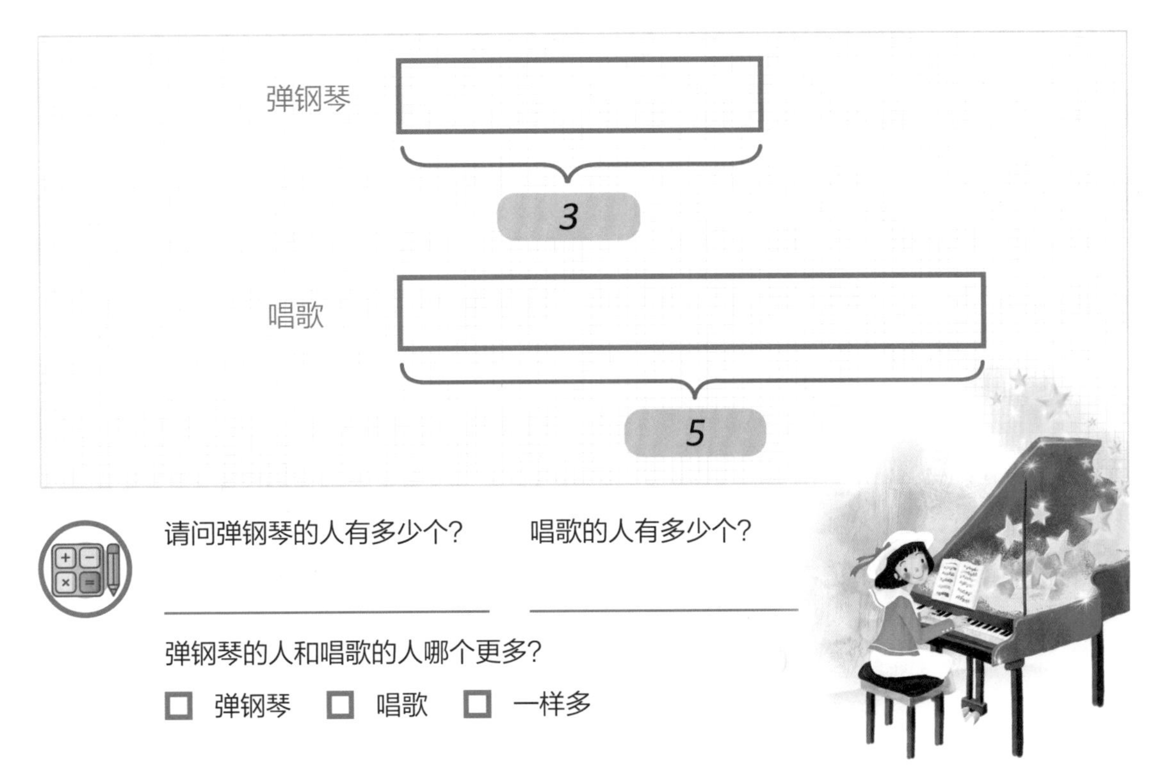


请问弹钢琴的人有多少个？ ____________ 唱歌的人有多少个？ ____________

弹钢琴的人和唱歌的人哪个更多？

□ 弹钢琴 □ 唱歌 □ 一样多

6. 动物园里有狮子和老虎，下面的图表示狮子和老虎的数量：

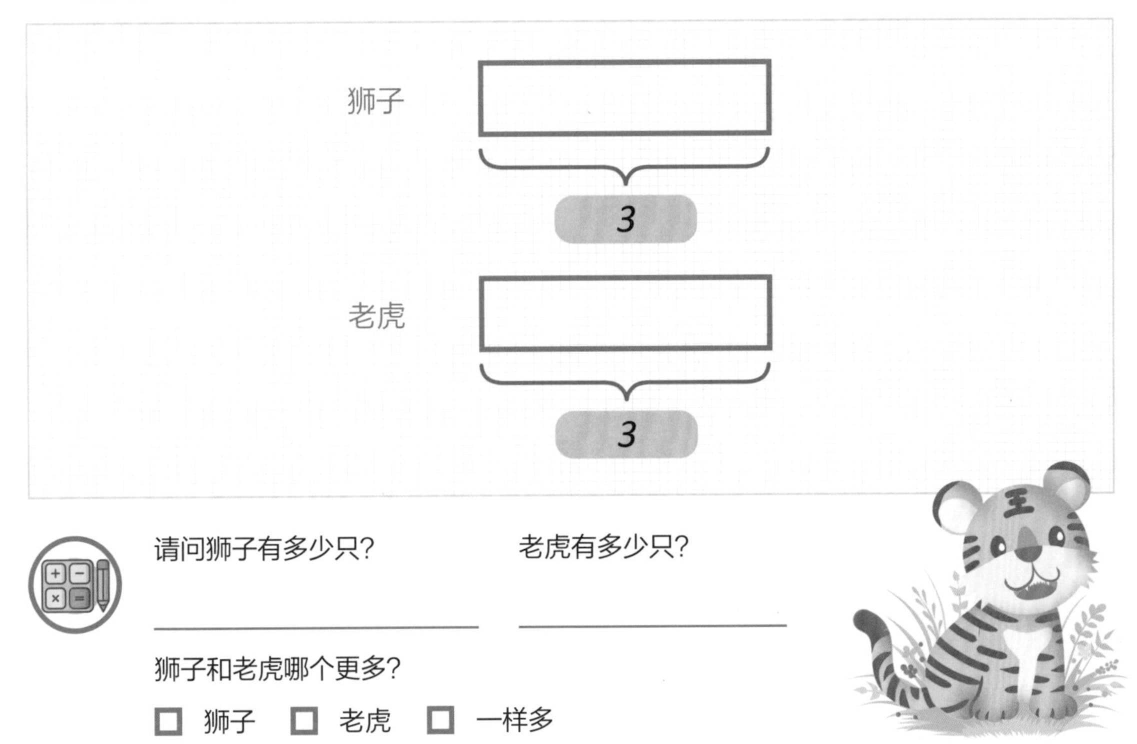


请问狮子有多少只？ ____________ 老虎有多少只？ ____________

狮子和老虎哪个更多？

□ 狮子 □ 老虎 □ 一样多

7. 小明有一些玩具汽车和玩具飞机，下面的图表示玩具汽车和玩具飞机的数量：

玩具汽车

玩具飞机

说说看，玩具汽车和玩具飞机哪个更多？

□ 玩具汽车　□ 玩具飞机　□ 一样多

8. 唐僧师徒四人路过一片桃园，孙悟空和猪八戒都摘了一些桃子。下面的图表示孙悟空和猪八戒摘的桃子数量，说说看谁摘的桃子多？谁摘的桃子少？为什么？

猪八戒

孙悟空

__________ 摘的桃子多，__________ 摘的桃子少。

理由：____________________

9. 操场上有15个小朋友在踢足球，请你画图表示操场上小朋友的数量。

10. 操场上有15个小朋友在踢足球，其中有10个男生、5个女生。请你画图分别表示操场上男生和女生的数量。

11. 小茜和小叶比赛跳绳，小茜跳了 15 下，小叶跳了 10 下。请你画图分别表示小茜和小叶跳绳的数量。

12. 小明有 5 块橡皮，小梅的橡皮数量和小明一样多。请你画图，分别表示小明和小梅的橡皮数量。

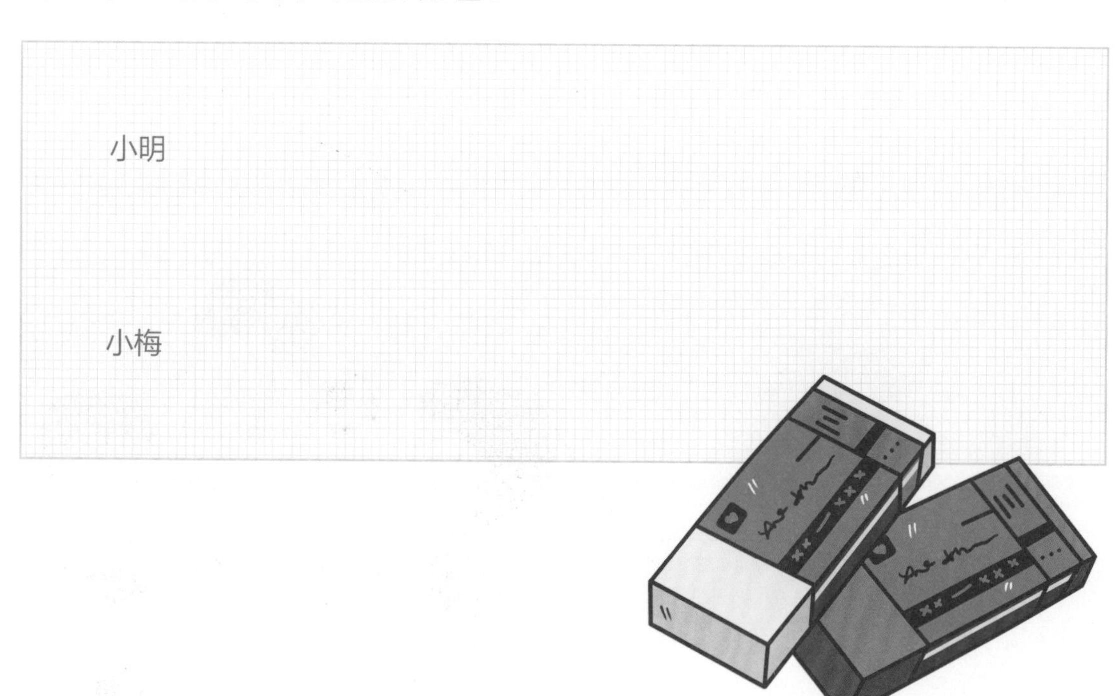

13. 妈妈买了10个苹果和一些梨子，梨子比苹果少几个，请你画图，表示梨子的大概数量。

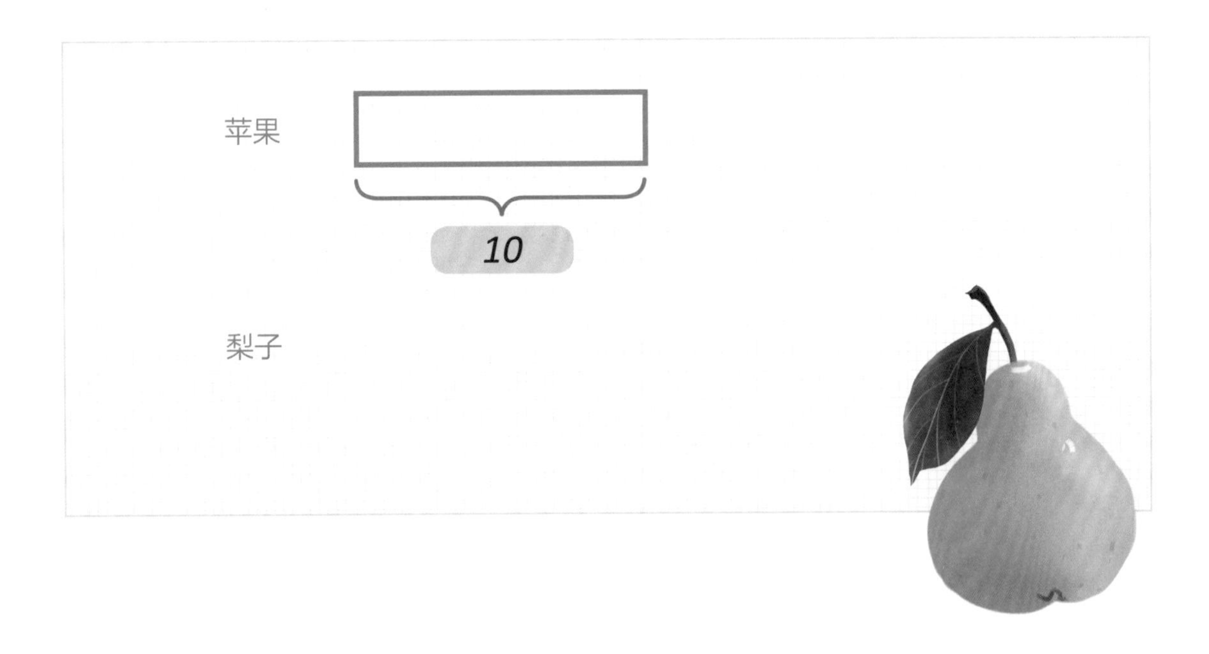


14. 兰兰有8本书，亮亮的书比兰兰多几本，请你画图，表示亮亮大概有多少本书。

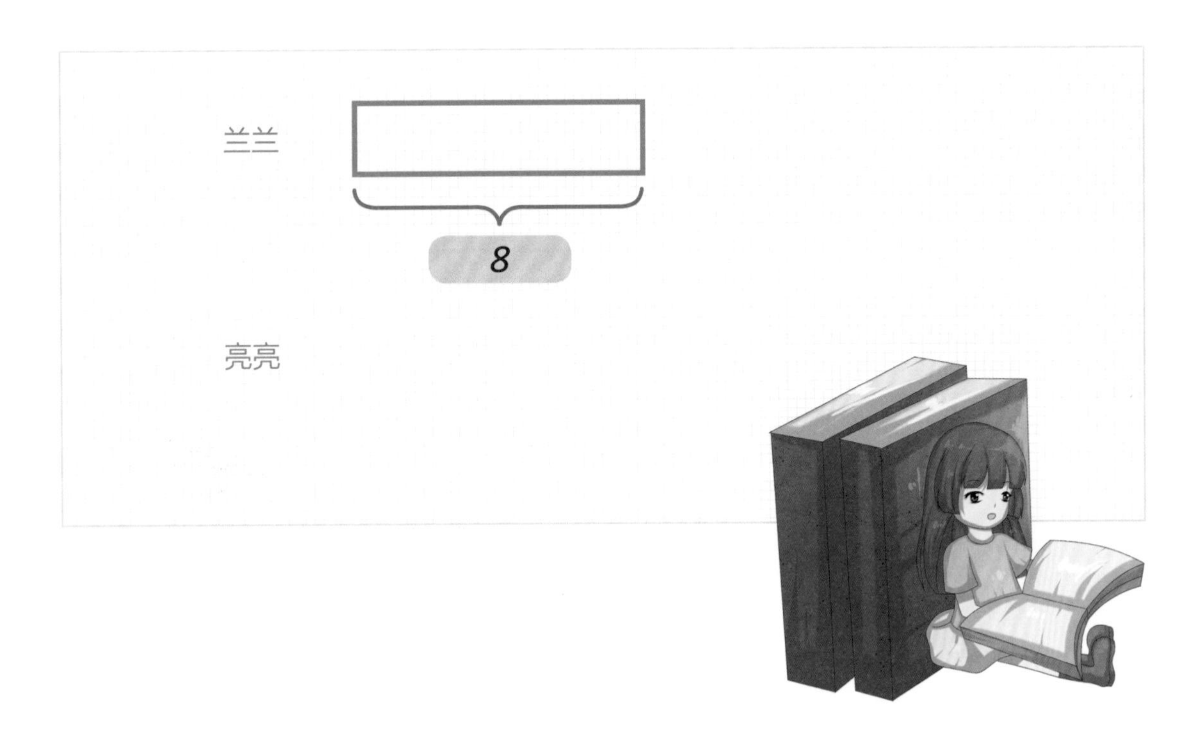

15. 游乐园里，荡秋千的小朋友有10个，滑滑梯的小朋友和荡秋千的一样多。请你画图，表示滑滑梯的小朋友数量。

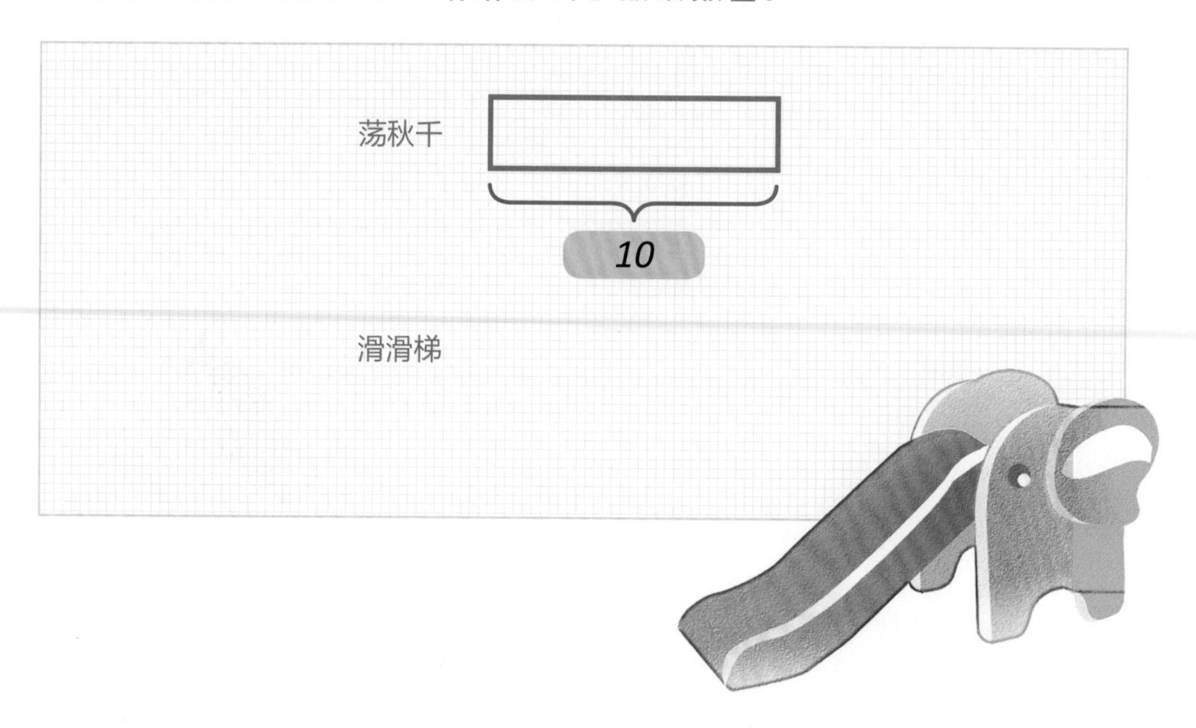


☆ 16. 小伟、小刚和小文都很喜欢看书，小伟今天看了7页书，小刚也看了7页，小文看了9页。请你画图，分别表示他们每个人看书的页数。

小伟

小刚

小文

☆ 17. 小华有 5 个乒乓球、小亮有 7 个乒乓球、小飞有 9 个乒乓球。请你画图，分别表示他们 3 个人的乒乓球数量。

☆ 18. 桌子上有 2 个西瓜、6 根香蕉，另外还有 8 个橙子。请你画图，表示橙子的数量。

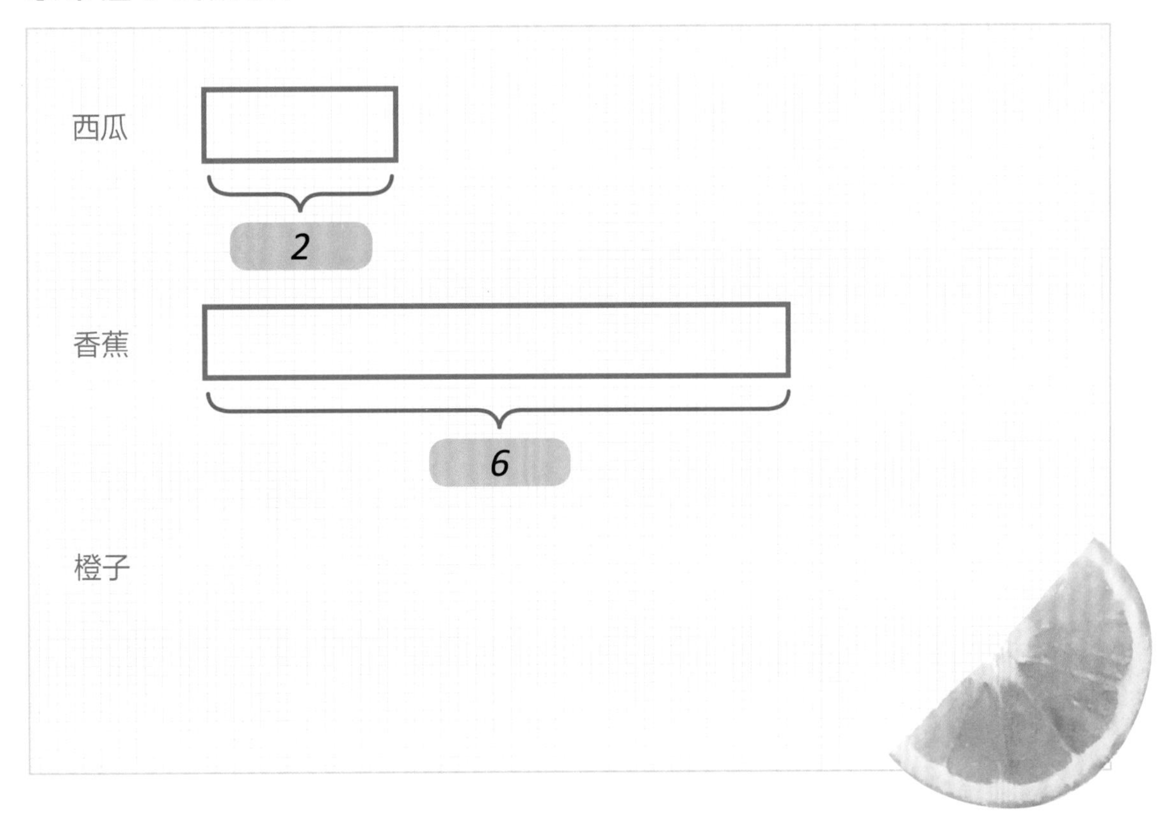

☆ 19. 厨房里有3个西红柿、7个土豆，另外还有5根胡萝卜。请你画图，表示胡萝卜的数量。

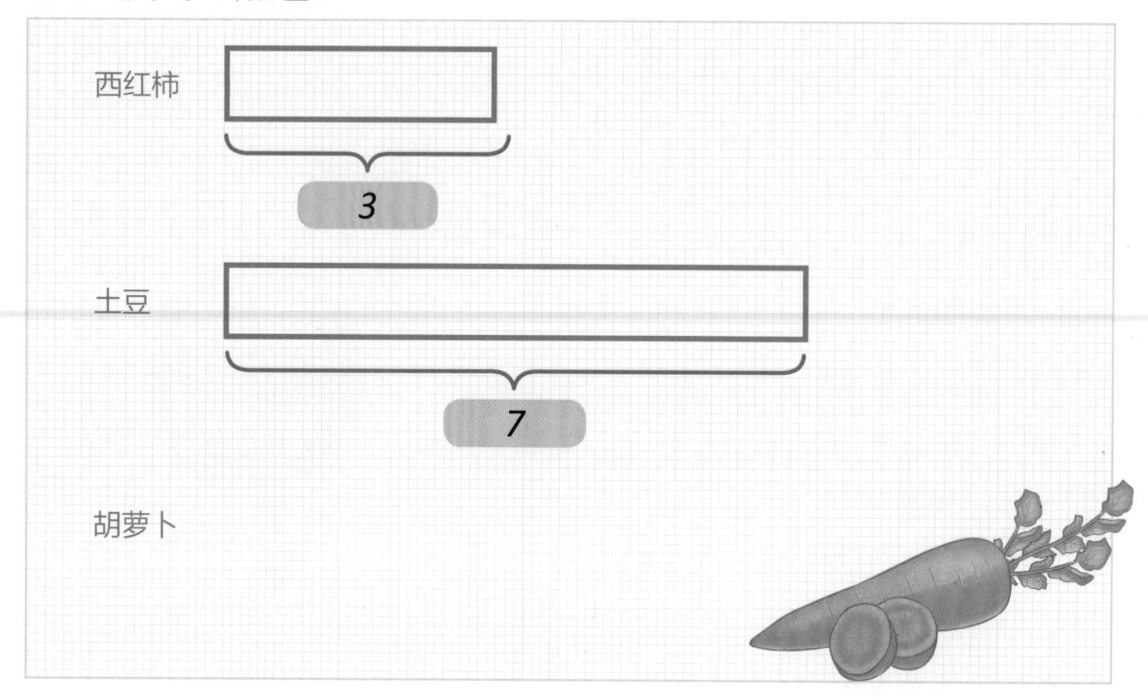


☆ 20. 教室里有8个篮球、3个排球，另外还有5个足球。请你画图，表示足球的数量。

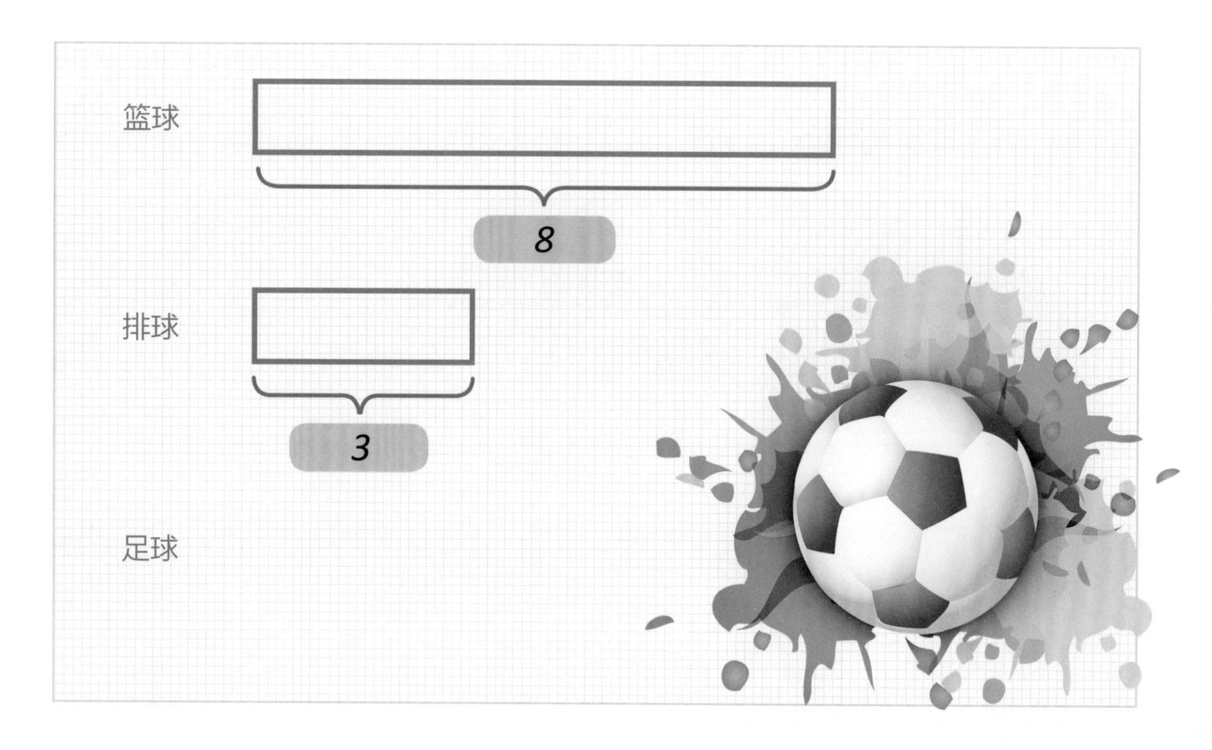

# 英语小拓展

小朋友们，我们已经知道了如何通过画图来表示数量。那么在英语应用题里，又该怎么通过画图表示数量呢？怎么来表示“多”和“少”呢？怎么数数呢？

这里有一份关于画图的关键词的中英文对照表。

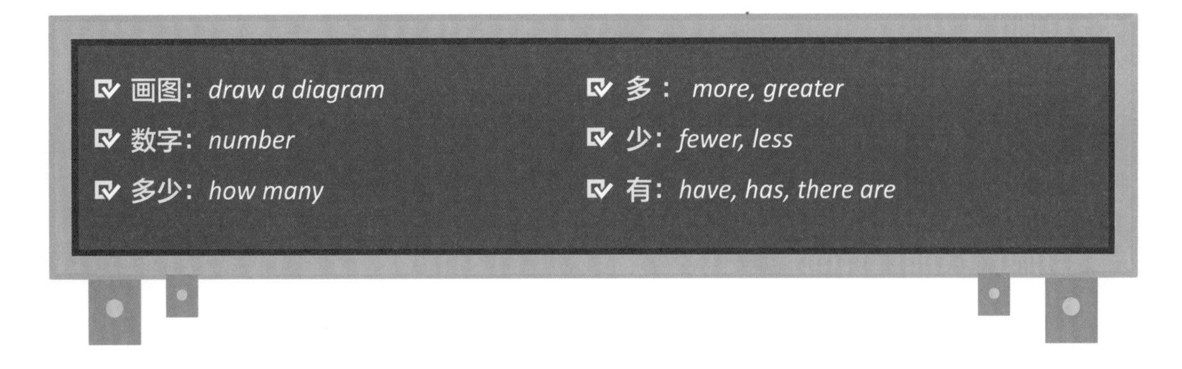


Word Problem 1：

*Tom has 5 apples.*

*Jack has 8 apples.*

*Please draw a diagram to represent the numbers of their apples.*

Word Problem 2：

*Alice and Mary each has some flowers.*

*The following is a diagram which represents the numbers of their flowers.*

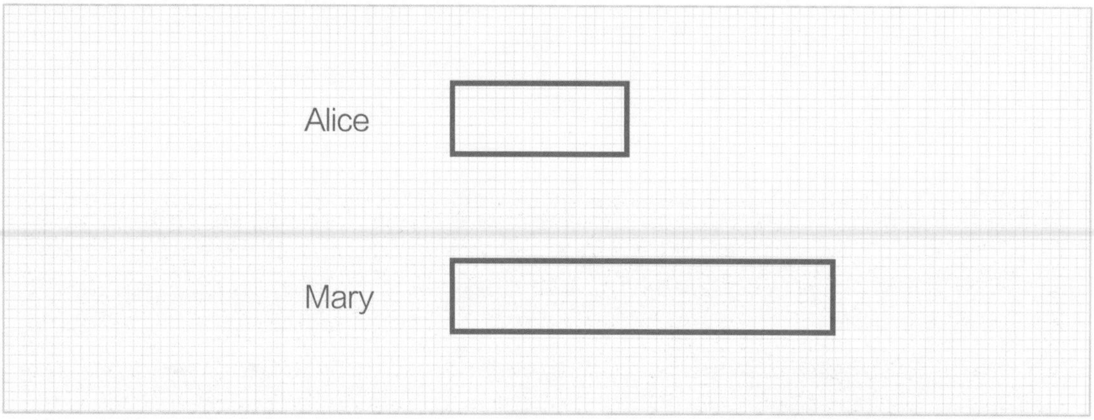


*Who has more flowers?*

☐ *Alice* ☐ *Mary*

*Who has fewer flowers?*

☐ *Alice* ☐ *Mary*

# 第2章

STEAM 项目

## 马达加斯加的士兵

之

## 石子计数

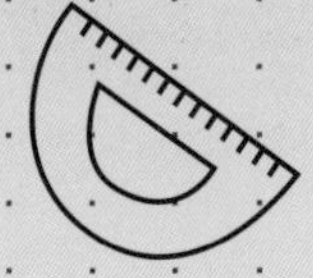

# 背景知识

人类在远古时期就有了计数的需求，可是当时还没有数字，他们是怎么计数的呢？

最开始的时候，古人们想到用手指来计数，比如在数羊的时候，每看到一只羊，就扳一个手指头。

可是数着数着就发现这个方法不够好，因为一方面用这个方法没法数较大的数目，另一方面也不方便记录数字啊！于是古人逐渐发明出 3 种更好的计数方法，即石子（有的是用小木棍）计数法、结绳计数法和刻痕（记在土坯、木头、石块、树皮或兽骨上）计数法，这样不仅可以记录较大的数字，也便于累积和保存。

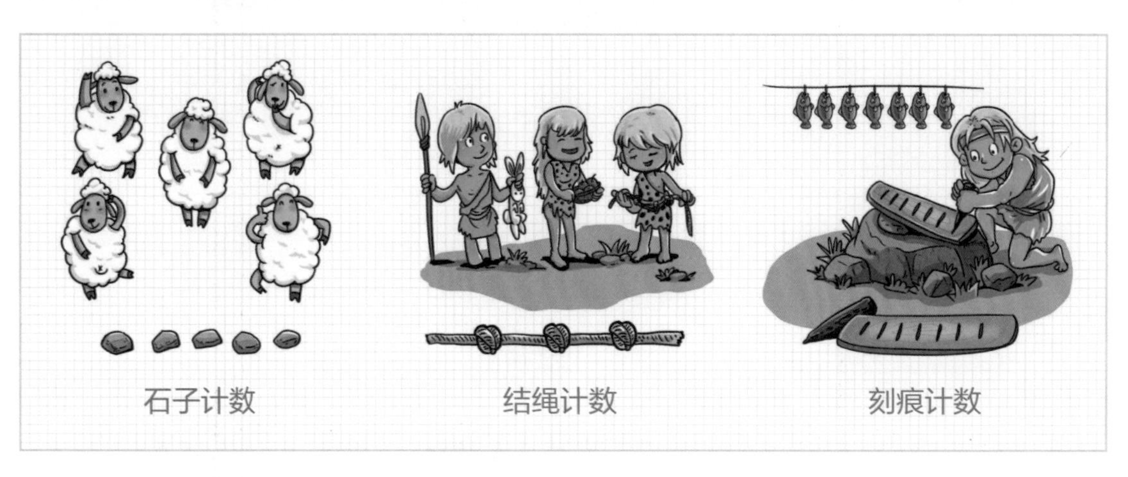


在古希腊诗人荷马的长篇史诗《奥德赛》中就有这样一则故事：

有一位老人每天都坐在自己的山洞里照料他的羊群。早晨羊儿外出吃草时，每出来一只，他就从一堆石子里捡出一颗。晚上羊儿返回山洞时，每进去一只，他就扔掉一颗早上捡起的石子。

当他把早晨捡起的石子全都扔光时，就确信所有的羊儿都返回了山洞。如果手里还剩几颗石子，就说明还有几只羊没有回来。

这就是一种石子计数法，这种方法在那时候得到了大量的应用。

## 2 任务指派

在马达加斯加，流传着一种古老的石子计数法。

当地的酋（qiú）长为了数清手下有多少名士兵，想了一个聪明的方法。他让每一名士兵经过自己面前时，投下一粒石子，等所有士兵都扔完后，他再数那堆石子就知道士兵的人数了。

士兵按照酋长的指示逐个走过他的面前，并扔下一颗石子，只见酋长面前的石子越来越多。

酋长望着摞得高高的一堆石子，一筹莫展，不知道该怎么入手。如果一个一个地数，万一数到中间忘掉了前面的数字，又得从头开始。想到这里，酋长更加沮丧了。

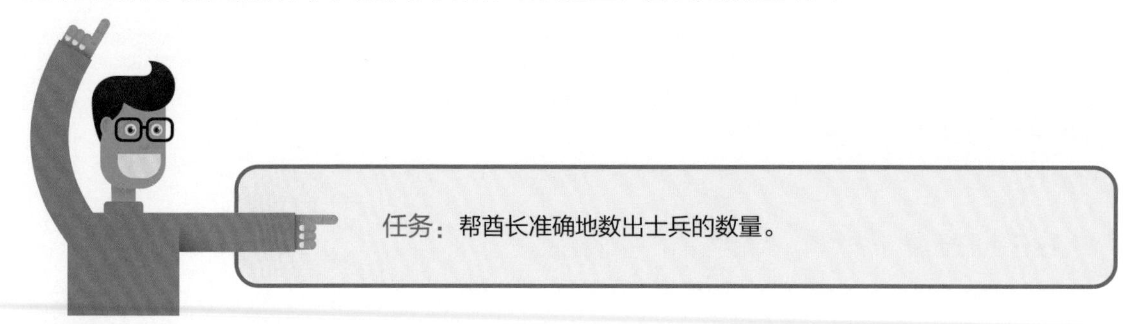


## 3 任务开始

就在酋长发愁的时候，有一名聪明的士兵走了出来，向酋长提出了一个建议：

“您可以 10 个 10 个地数石子，每数 10 个，就在地上画一个方框，就像这样”：

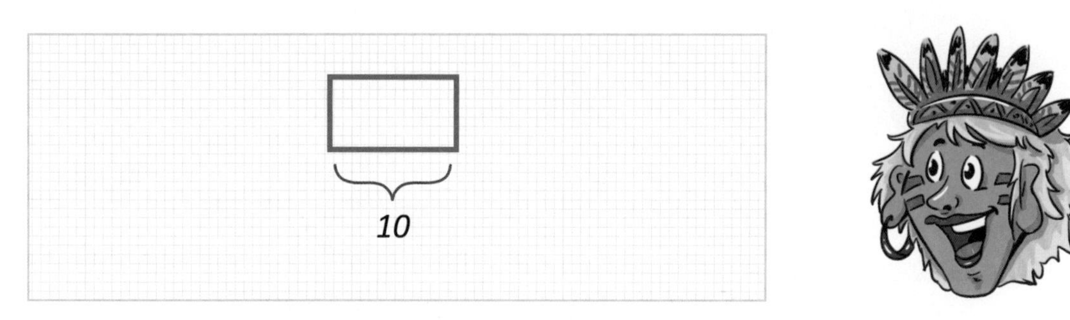


酋长眼睛一亮，“真是好办法！”

于是他按照士兵的建议开始数起来。很快，地上就画了很多方框，像这样：

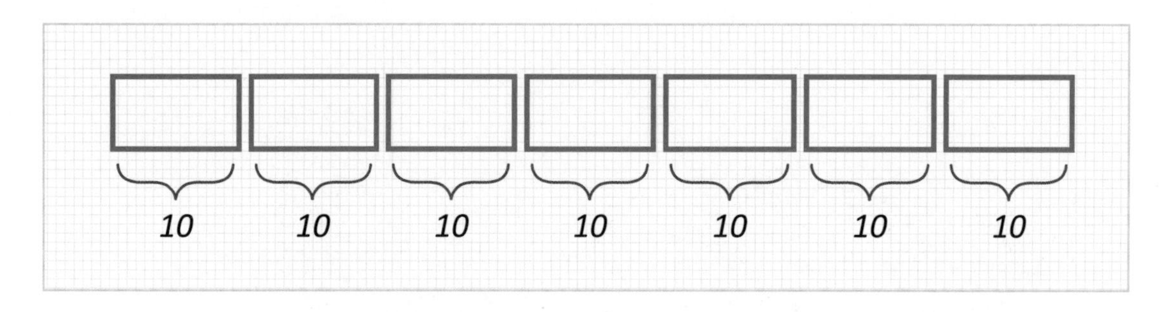


☆（1）小朋友，你知道上面这些方框一共代表了多少名士兵吗？请写下来吧：

________ 名

数着数着，只见地上的方框越来越多：

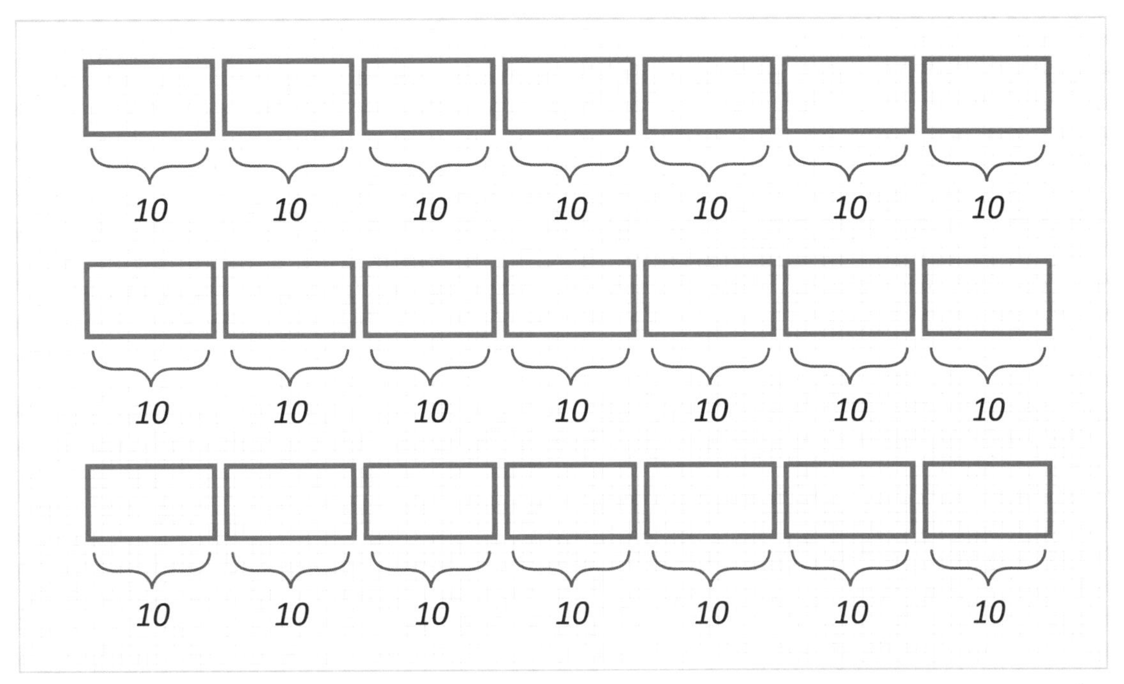


☆（2）小朋友，你知道上面这些方框一共代表了多少名士兵吗？请写下来吧：

名

随着数的石子数量越来越多，地上的方框也越来越多。终于新的问题又来了，地上已经画满了方框，没有地方可以再画新的了。

这时酋长又开始发愁，地方不够用怎么办？而且这么多方框也容易数错啊！

聪明的小朋友，你可以帮酋长想想该怎么办吗？试着把你的方法写下来吧：

正在酋长急得抓耳挠腮的时候，那位聪明的士兵又出现了，这回他又提了一个新的建议：“我们可以 10 个 10 个地数，当数到第 10 个 10 的时候，就画一个大一些的方框来表示，然后把之前的 10 个小方框擦掉，这样就不容易出错了！”

酋长一听，又是眼睛一亮，“好主意啊，我怎么没想到呢？”

于是他按照士兵的方法去做，每当数到第 10 个 10 的时候，就像下面这样画出一个新的大方框：

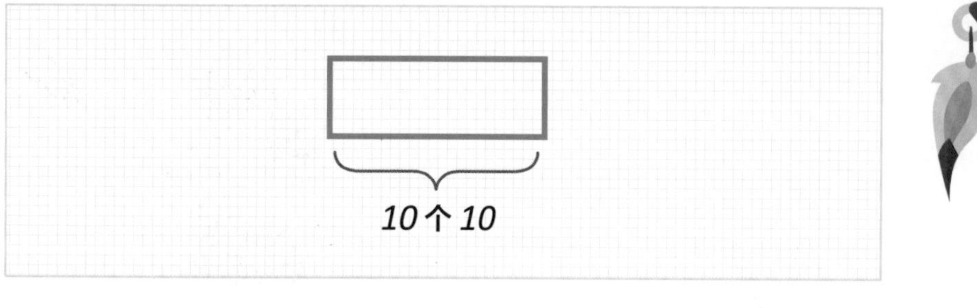

很快，地上出现了下面的图案：

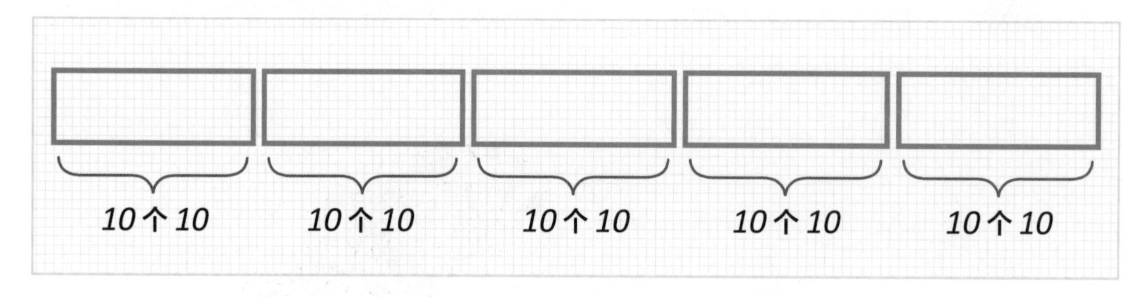


☆☆（3）小朋友，你知道上面这些方框一共代表了多少名士兵吗？请写下来吧：

______________ 名

酋长不停地数啊数，经过一段时间后，终于数完了，地上的图案变成了下面这样：

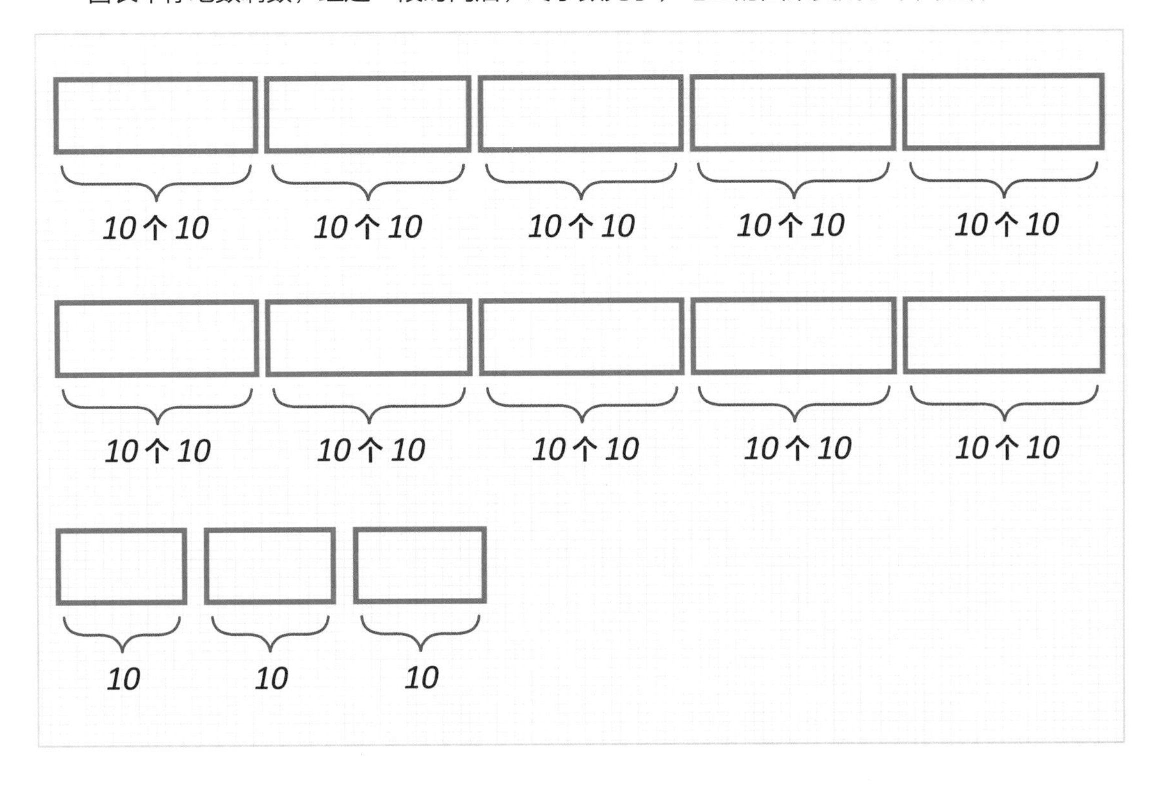


☆☆☆（4）小朋友，你知道酋长一共有多少名士兵吗？

________名

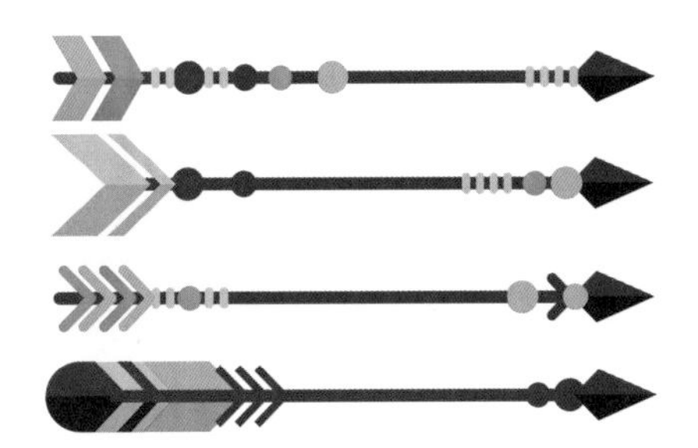

# 第3章

配视频课程

# 加法与减法

之

# “部分－整体”画图法

本章知识点相关视频课程：

第3节　加法与减法之“部分－整体”画图法（一）

第4节　加法与减法之“部分－整体”画图法（二）

请扫码选择本章对应的视频课程观看

# 知识点学习

## 一道简单的加法题

小朋友们，你们都学过加法吧？我出一道题考考你们，你们知道 2+3 等于多少吗？

你们是不是觉得很简单啊？

但是你们知道在什么情况下需要用 2+3 这样的算式吗？

别急，让我们先来看一道简单的加法题吧：

有一个小女孩，她的名字叫果果，她很喜欢跳舞和画画。学校要举办艺术节比赛活动，果果报名参加了跳舞比赛。老师给跳舞的同学们分组。果果所在的小组里有 2 个女生，3 个男生。请问这个小组一共有多少个学生呢？

这个题目很简单吧？我想聪明的你们一定都会做，但是今天我想教你们一个新方法，让我们用画图的方法来解这道题。

① 我们用最直接的方法，把女生和男生画出来，就像下面这样，左边画 2 个女生，右边画 3 个男生。

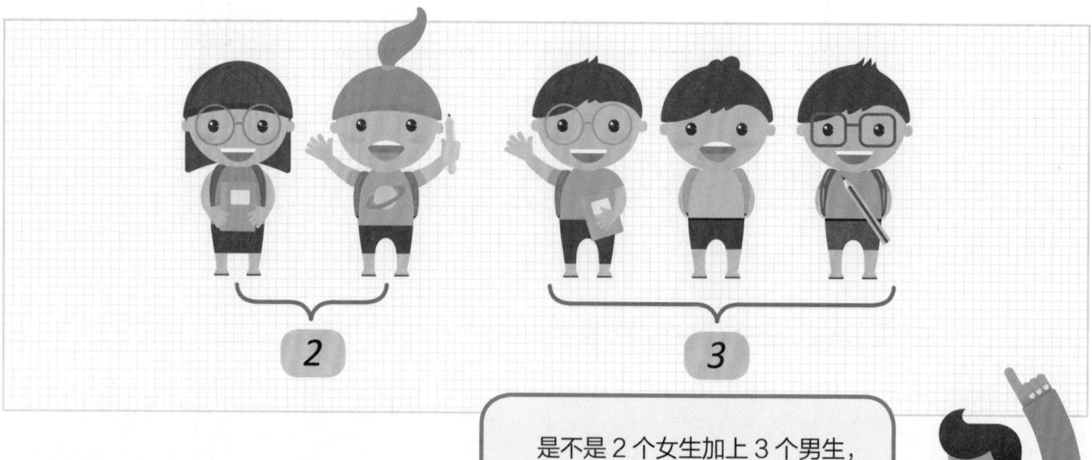


数一数，这里一共有几个小朋友呢？

是不是 2 个女生加上 3 个男生，2+3 等于 5 呀？

你做对了吗？

② 每次做题都要把男生和女生画出来，是不是很不方便啊？如果我们试着将 2 个女生和 3 个男生用方格代替呢？就像下面这样，左边 2 个粉色方格代表女生，右边 3 个蓝色方格代表男生。

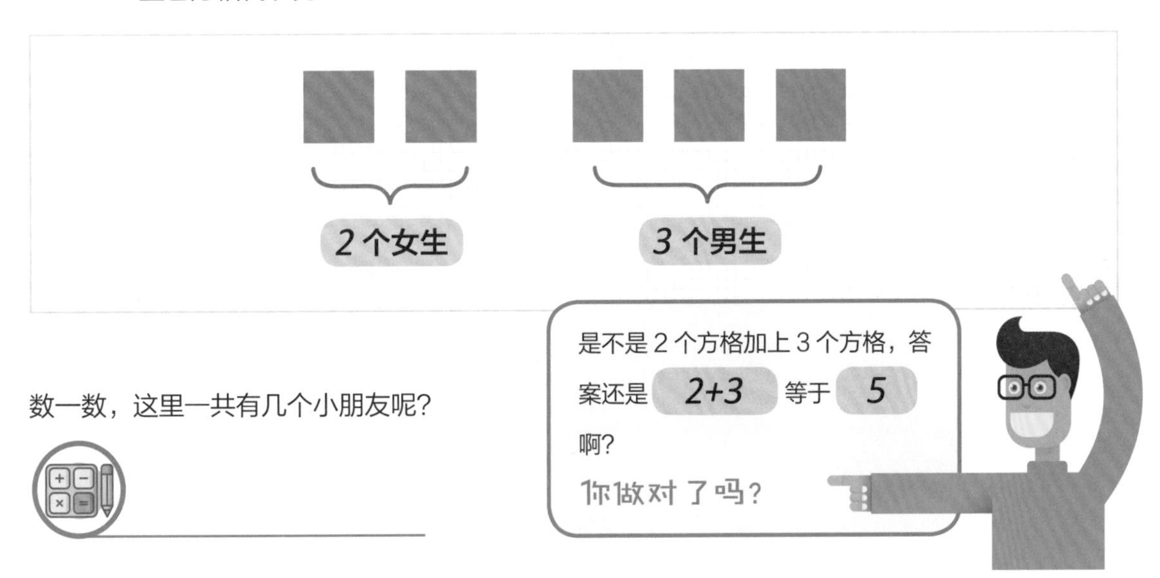


数一数，这里一共有几个小朋友呢？

③ 画一个一个的方格还是觉得麻烦，让我们再换一种方式来画图吧！把女生和男生分别用两个方框来表示，也就是我们之前学过的画图方法。

左边的方框代表女生，右边的方框代表男生，不过因为男生比女生多，所以男生的方框比女生的长一点儿。

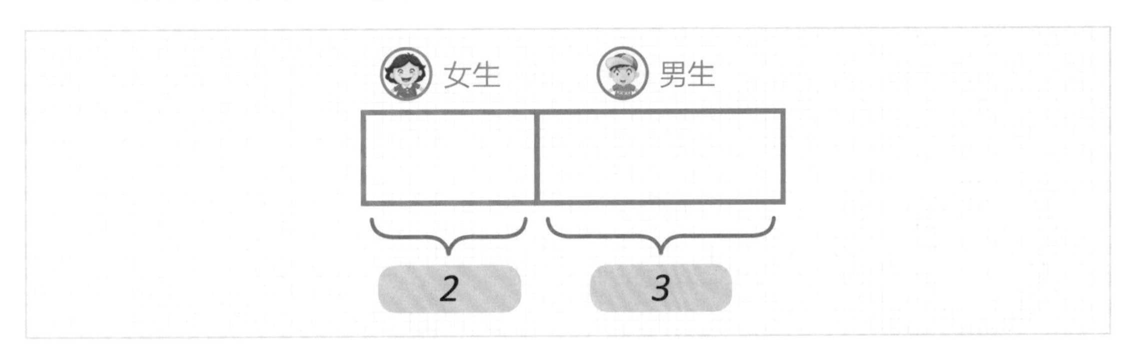


这样，我们很容易就能列出算式，学生的总人数等于左边方框的 2 个加上右边方框的 3 个，这样总数就是 5 个。我们可以列出如下的算式：

$$2+3=5\text{（个）}$$

答：这个小组一共有 5 个学生。

我们还可以用另外一种方式来画图。上面的方框代表女生，下面的方框代表男生，男生的方框比女生的长一点儿。

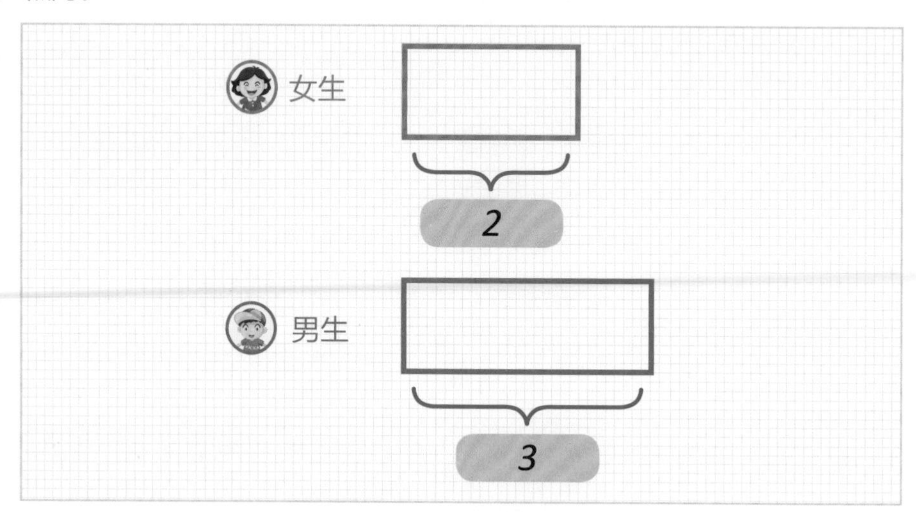


我们还是能列出如下算式：

$$2 + 3 = 5\text{（个）}$$

答：这个小组一共有 5 个学生。

## 2 “部分 – 整体”画图方法

对了，在这些图里，女生是一个部分，男生是另一个部分，而他们组合在一起是一个小组，也就是一个整体。

因此，我们画图时就用两个方框来表示“部分”，然后组成一个“整体”。这样的画图方法叫作“部分 – 整体”画图法。

它有两种画法：

① 第 1 种方法是将两个“部分”的方框左右连在一起：

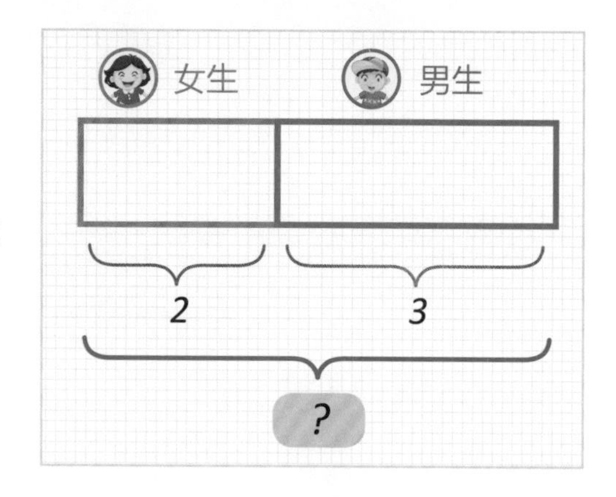

② 第 2 种方法是将两个“部分”的方框上下排列。注意两个方框的左边要对齐哦：

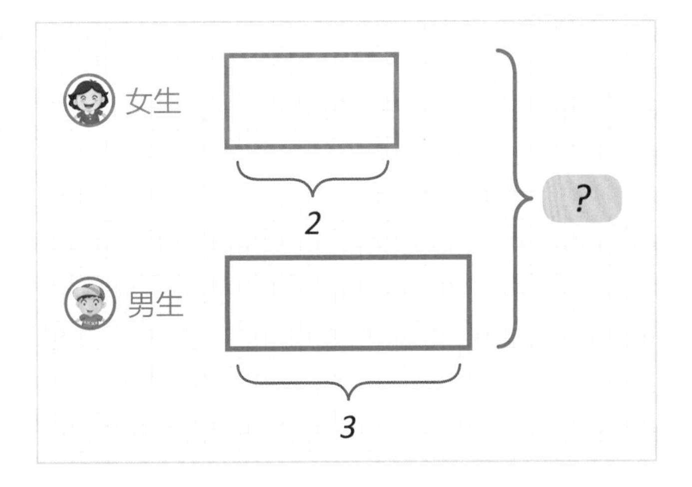


图里面的问号 ? 就是需要我们计算的结果，它是未知量。女生的数量“2”和男生的数量“3”都标在了图里面，也就是已知量。

对了，答案是下面这样！

## 3 其他两种题目变形

上面讲的你们理解了吗？看起来很简单对不对？其实啊，这里面还包含着很多小诀窍呢。这道题目其实有 3 种不同的变形方式！

分别是：

❶ 小组总人数 = 女生人数 + 男生人数

❷ 女生人数 = 小组总人数 − 男生人数

❸ 男生人数 = 小组总人数 − 女生人数

我们前面讲的题目就是第 1 种，已知女生的人数和男生的人数，算小组总人数。

下面我们看第 2 种，题目是这样的：

果果所在的小组里有 5 个学生，其中 3 个是男生，其余都是女生。请问这个小组里有多少个女生呢？

我们可以这样来画图：

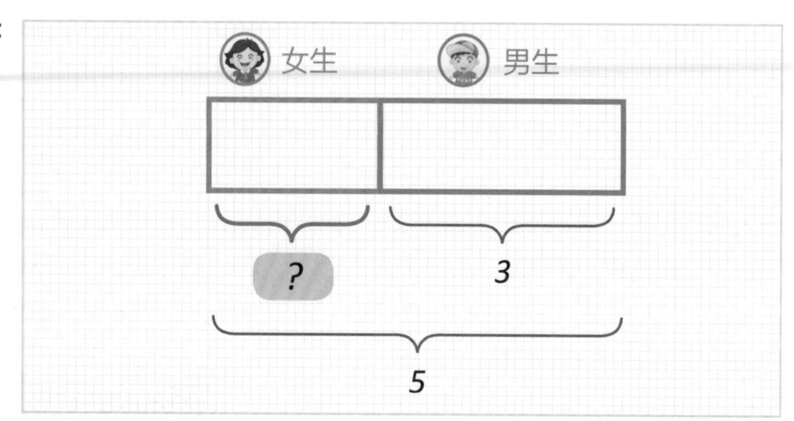


注意看，这里面有一个小变化，就是已经知道小组的总人数和男生的人数，问女生有多少个人？这就变成了一道减法题，但是画图方法是类似的。

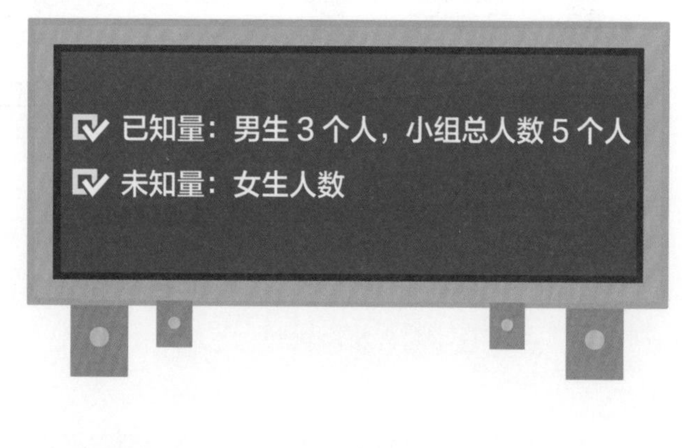


算式就变成了：

5 − 3 = 2（个）

答：这个小组里有 2 个女生。

再来看第3种，题目是这样的：

果果所在的小组里有5个学生，其中2个是女生，其余都是男生，请问这个小组里有多少个男生呢？

我们可以这样来画图：

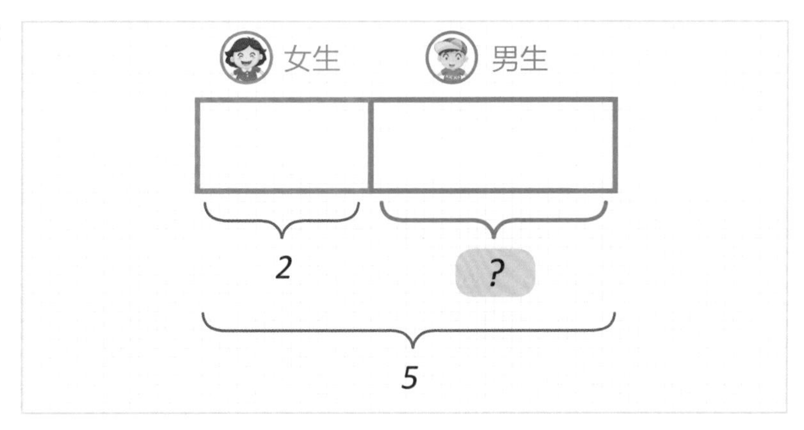


这里面又有一点儿变化，已经知道小组总人数和女生人数，问男生有多少个人？这就变成了另一道减法题，但画图方法还是类似的。

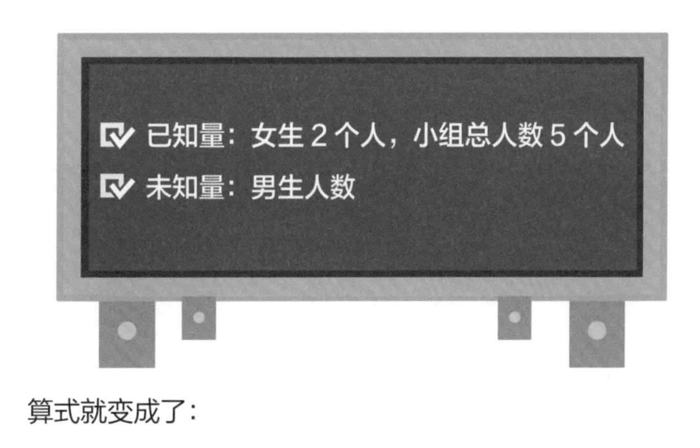


算式就变成了：

$$5-2=3（个）$$

答：这个小组一共有3个男生。

所以，同样的图，可以有3种不同的出题方式，能列出不同的算式，但方法都是类似的。因此，不管题目怎么变，本质都是一样的哟，因为图都是一样的！

# 4 更大的数字如何画图

前面讲的都是 10 以内的加减法，用画图的方法计算非常容易，但是如果数字大一点儿怎么办呢？比如 100 以内、1000 以内的数字，画图还适用吗？

## ① 100 以内的加减法：

果果还报名参加了画画比赛，妈妈给她买了一盒彩色铅笔，她每天都要画一幅画，她最喜欢画的是恐龙。
过了一段时间，果果用掉了 15 支，还剩下 45 支。
你知道妈妈一开始给果果买了多少支彩色铅笔吗？

我们可以这样来画图：

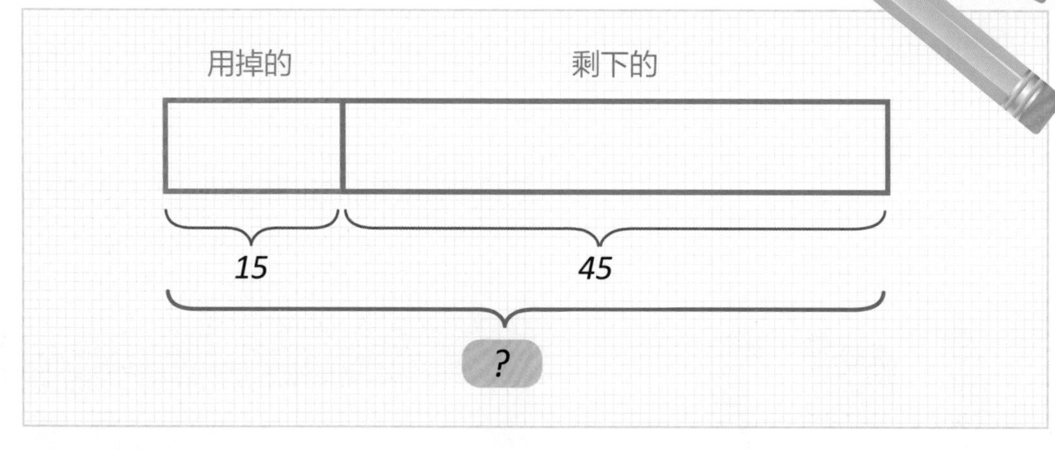


或者这样来画图：

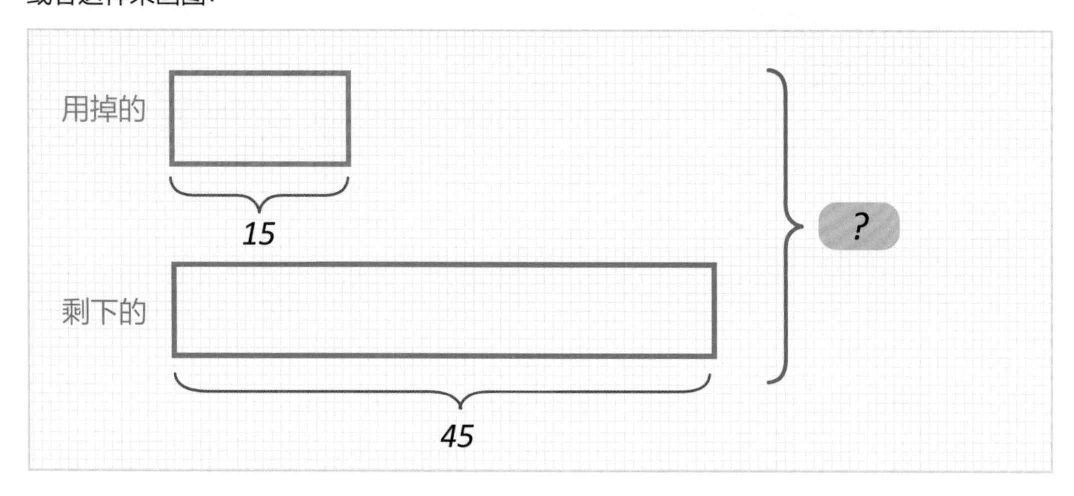

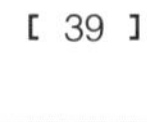

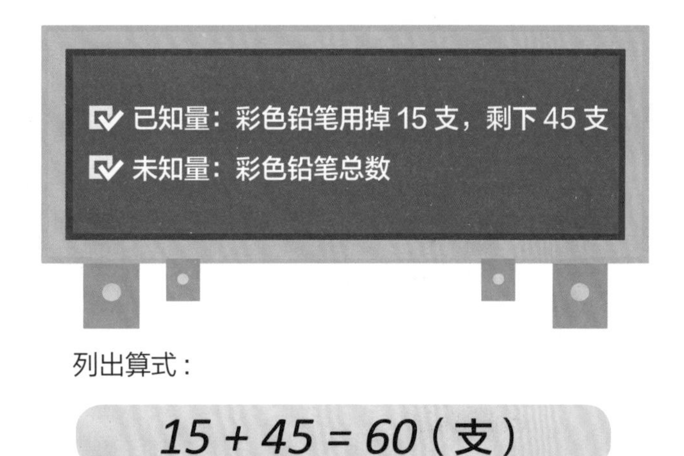


列出算式：

$$15 + 45 = 60（支）$$

答：妈妈一开始给果果买了 60 支彩色铅笔。

## ② 1000 以内的加减法：

老师告诉果果：学校里一共有 890 名学生，这次比赛有 323 名同学参加。你知道还有多少名同学没有参加比赛吗?

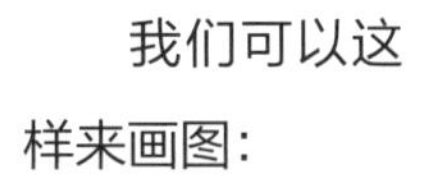

我们可以这样来画图：

或者这样来画图：

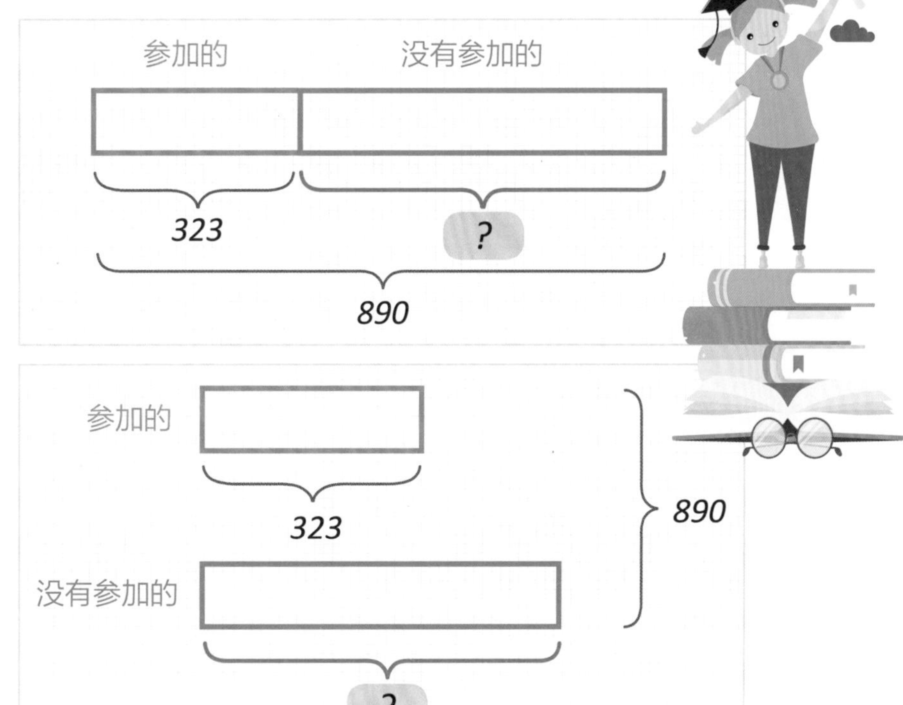

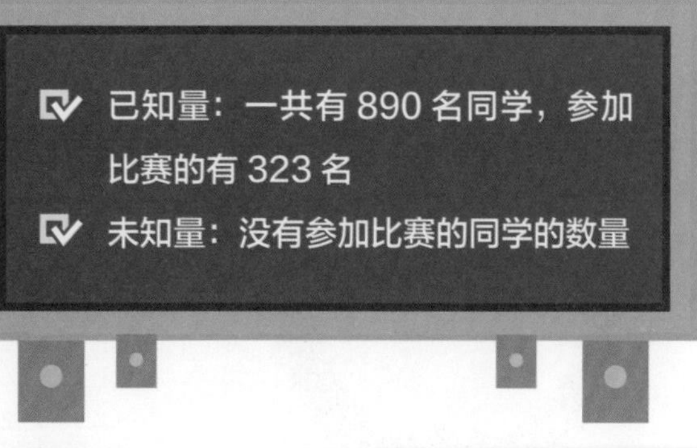


列出算式：

$$890 - 323 = 567（名）$$

答：有 567 名同学没有参加比赛。

上面两道题目分别是 100 以内的加减法和 1000 以内的加减法，它们都可以用画图来表示。所以啊，画图和数字大小没有关系，不管多大的数字，我们都可以画图来表示！

## 5 多个“部分”如何画图

前面讲的例子，如女生和男生、用掉的彩色铅笔和剩下来的彩色铅笔、参加比赛的同学和没参加比赛的同学，都是一个“整体”包含两个“部分”，可是如果一个“整体”有 3 个或者更多的“部分”又该怎么办呢？

我们来看下面这道题：

比赛结束了，果果获得了绘画二等奖，她非常开心。她知道一班有 12 名同学获奖，二班有 17 名同学获奖，三班有 9 名同学获奖。你知道这 3 个班一共有多少名同学获奖吗？

这道题可以这样来画图：

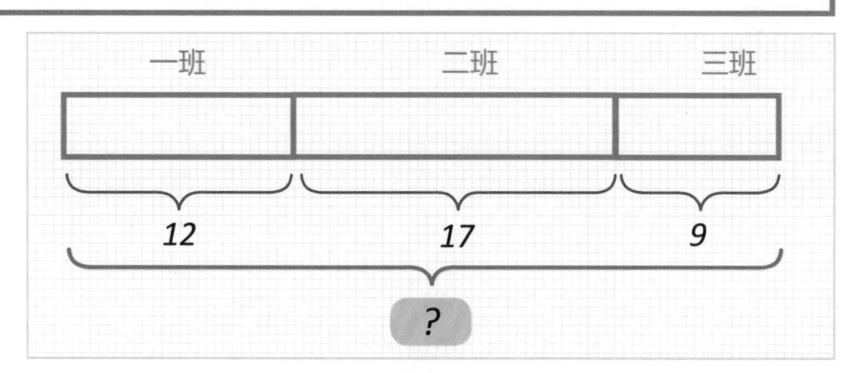

或者这样来画图：

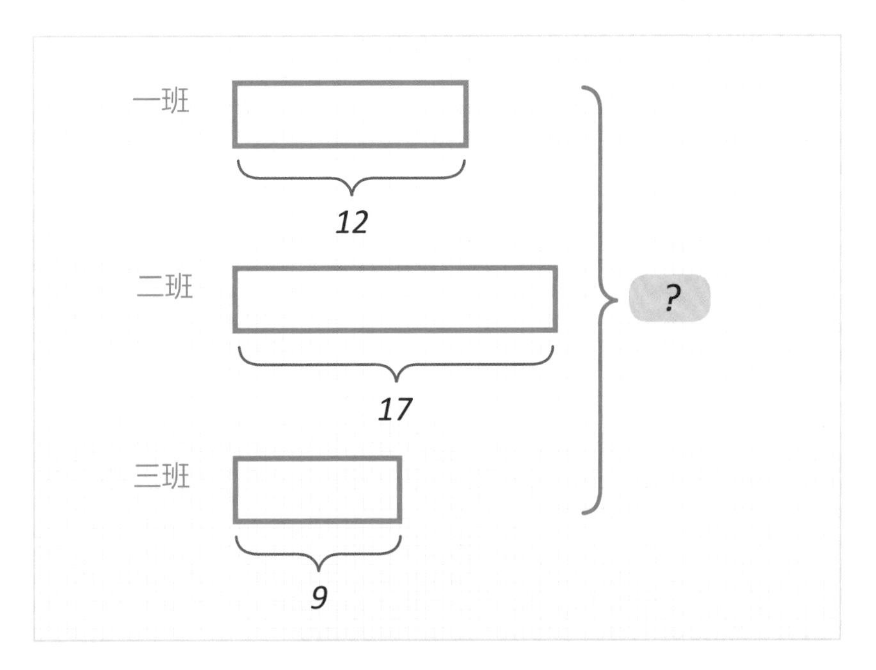

列出算式：

$$12+17+9=38（名）$$

答：3个班一共有38名同学获奖。

这道题是一个“整体”包含了3个“部分”，同样也可以通过画图来表示。所以，对于这种“部分－整体”问题，即便有多个“部分”，也是可以用画图的方法解出来的！

# 思维训练

1. 操场上有很多同学在玩，其中男同学有 30 个，女同学有 20 个，问操场上一共有多少个同学？

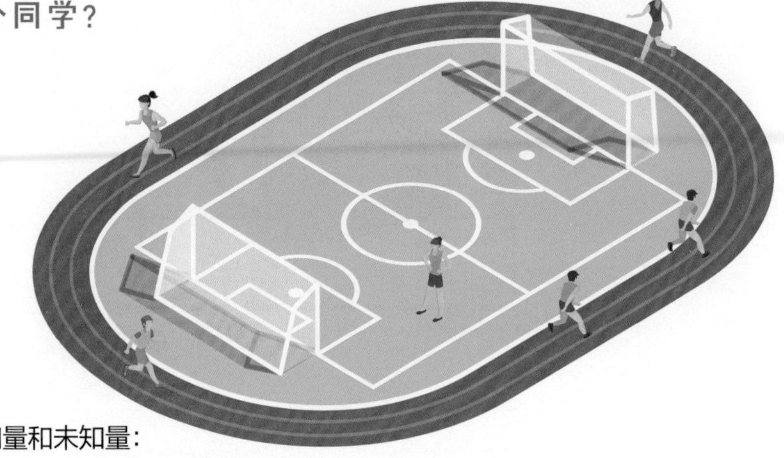

① 为这道题写出已知量和未知量：

已知量：

未知量：

② 使用“部分－整体”方法为这道题画图：

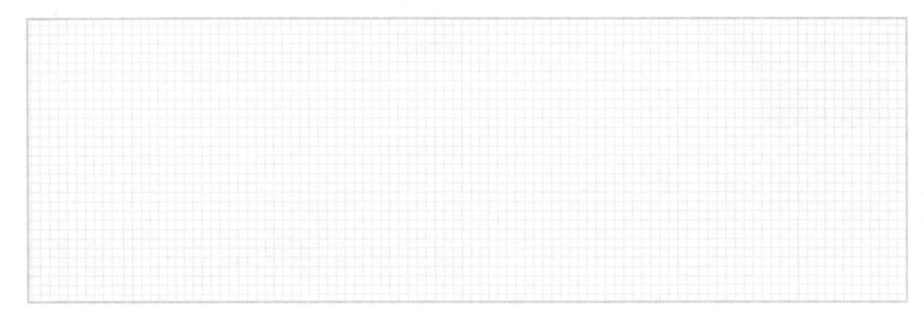

③ 根据图列出算式：

答：

操场上一共有 ______ 个同学。

2. 操场上有 50 个同学在玩，其中男同学有 30 个，其余都是女同学，问女同学有多少个？

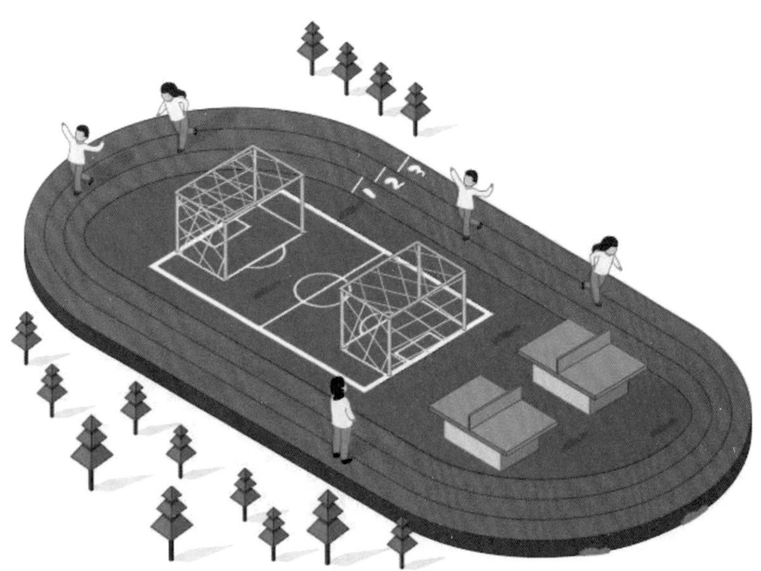

① 为这道题写出已知量和未知量：

已知量：

未知量：

② 使用“部分－整体”方法为这道题画图：

③ 根据图列出算式：

答：

女同学有 _______ 个。

3. 操场上有 50 个同学在玩，其中女同学有 20 个，其余都是男同学，问男同学有多少个？

1 为这道题写出已知量和未知量：

已知量：

未知量：

2 使用“部分 - 整体”方法为这道题画图：

3 根据图列出算式：

答：

男同学有 ______ 个。

4. 妈妈买了60颗葡萄，吃了20颗，还剩下多少颗？

① 为这道题写出已知量和未知量：

已知量：

未知量：

② 使用“部分－整体”方法为这道题画图：

③ 根据图列出算式：

答：

还剩下 ______ 颗葡萄。

5. 妈妈买了一些葡萄，吃了 20 颗，剩下 40 颗，问妈妈一共买了多少颗葡萄？

① 为这道题写出已知量和未知量：

已知量：

未知量：

② 使用“部分 - 整体”方法为这道题画图：

③ 根据图列出算式：

答：

妈妈一共买了 ______ 颗葡萄。

6. 冰箱里有3种口味的冰激凌，其中草莓味的有10个，香草味的有20个，巧克力味的有30个，问一共有多少个冰激凌？

① 为这道题写出已知量和未知量：

已知量：

未知量：

② 使用“部分－整体”方法为这道题画图：

③ 根据图列出算式：

答：

一共有 ______ 个冰激凌。

7. 冰箱里有草莓、香草、巧克力 3 种口味的冰激凌，一共有 60 个，其中草莓味的有 10 个，香草味的有 20 个，其他的都是巧克力味的，问有多少个巧克力味冰激凌？

① 为这道题写出已知量和未知量：

已知量：

未知量：

② 使用“部分 – 整体”方法为这道题画图：

③ 根据图列出算式：

答：

有 ______ 个巧克力味冰激凌。

8. 妈妈买了 80 颗荔枝，哥哥吃了 10 颗，妹妹吃了 20 颗，问还剩下多少颗？

① 为这道题写出已知量和未知量：

已知量：

未知量：

② 使用“部分－整体”方法为这道题画图：

③ 根据图列出算式：

答：

还剩下 ______ 颗荔枝。

☆ 9. 仔细观察下面的图：

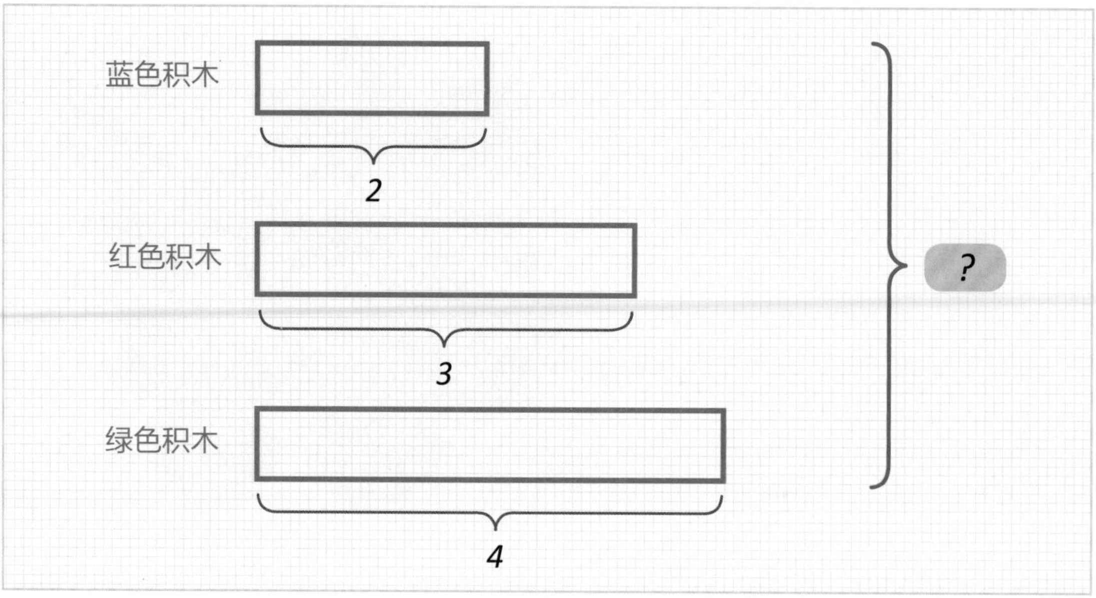

蓝色积木 2
红色积木 3
绿色积木 4
?

① 请设计一道应用题，写在下面的方框内，也可以讲给爸爸妈妈听，看看他们能做出来吗?

② 为这道题写出已知量和未知量：

已知量：

未知量：

③ 根据图列出算式：

答:

☆ 10. 仔细观察下面的图：

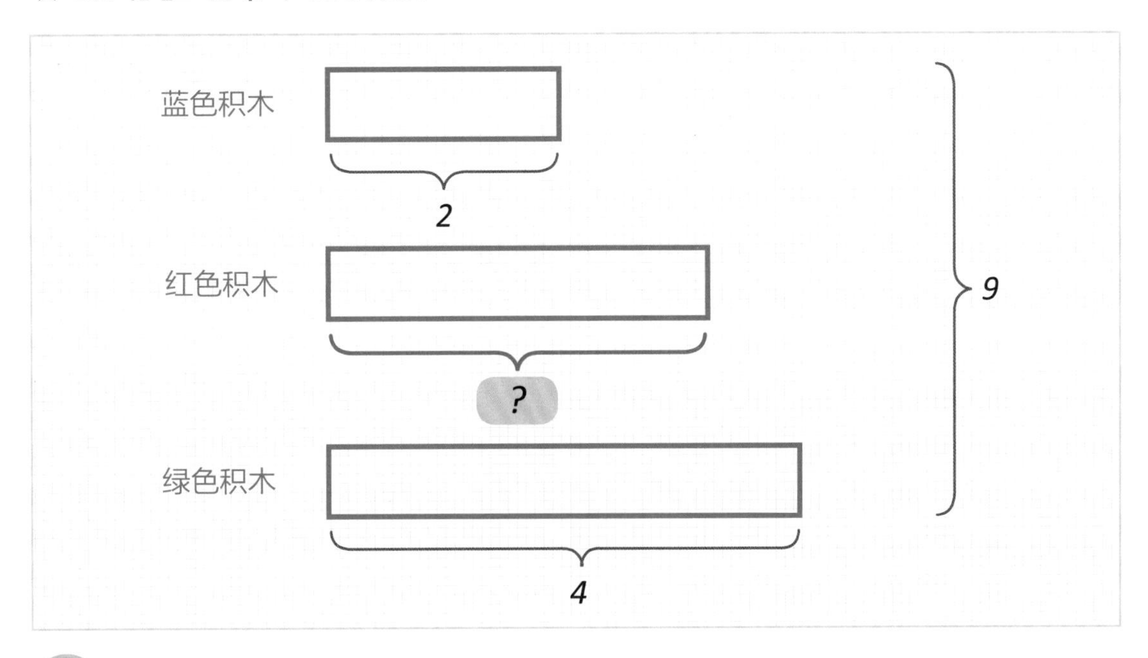


① 请设计一道应用题，写在下面的方框内，也可以讲给爸爸妈妈听，看看他们能做出来吗？

② 为这道题写出已知量和未知量：

已知量：

未知量：

③ 根据图列出算式：

答：

11. 一棵树上有 9 只小鸟在休息，这时候，又飞过来 8 只小鸟，请问此时树上一共有多少只小鸟？请用“部分 - 整体”画图方法解答。

☆☆ 12. 爸爸请客人们在饭店吃饭，已经来了 5 位客人，还有 6 位客人正在来的路上，请你帮服务员算一算，一共要摆多少把椅子？请用“部分 - 整体”画图方法解答。

13. 快递员叔叔今天已经送了47个包裹，还剩下43个没送，请问快递员叔叔今天一共要送多少个包裹？请用“部分－整体”画图方法解答。

14. “双十一”购物节，妈妈在网上买了一些商品，已经收到了9件，还有8件没有收到，请问妈妈一共买了多少件商品？请用“部分－整体”画图方法解答。

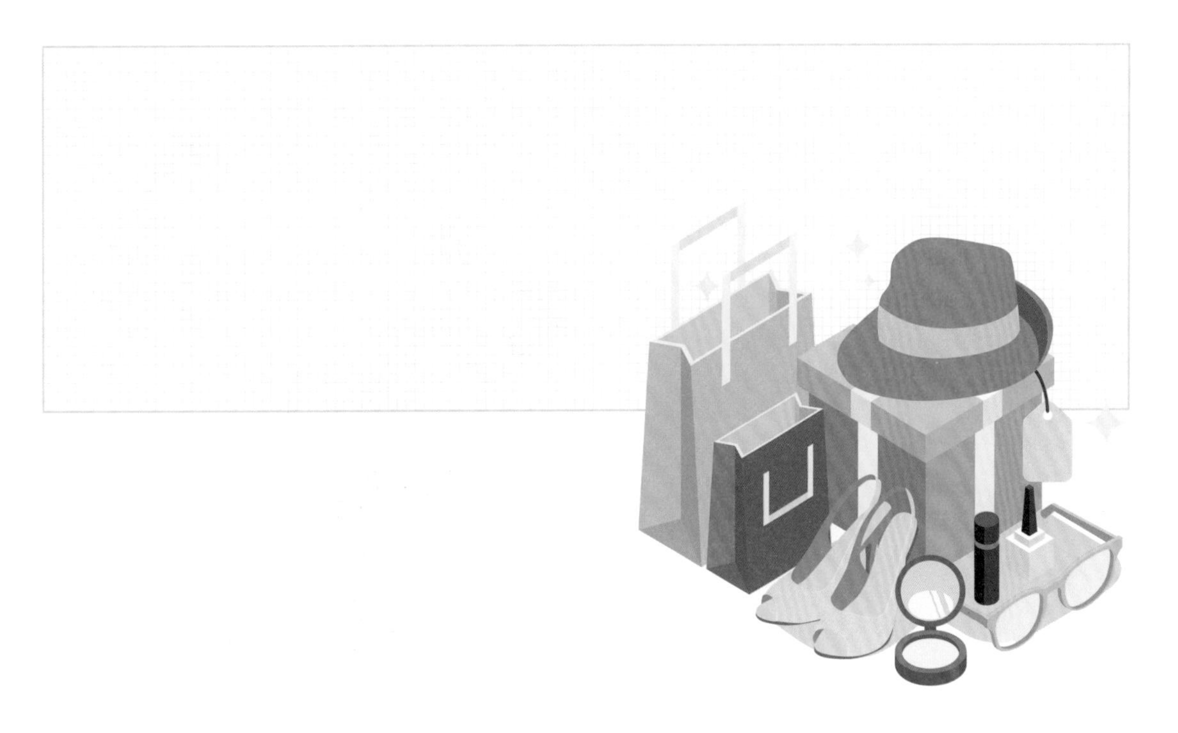

15. 一棵树上有 7 只小鸟在休息，这时候飞过来一些小鸟，此时树上一共有 13 只小鸟，请问飞过来多少只小鸟？请用“部分 - 整体”画图方法解答。

16. 爸爸请 9 位客人在饭店吃饭，已经来了 4 位客人，请问还有多少位客人没有来？请用“部分 - 整体”画图方法解答。

17. 快递员叔叔今天一共要送 70 个包裹，已经送了 26 个，请问还需要送多少个包裹？请用“部分 - 整体”画图方法解答。

18. “双十一”购物节，妈妈在网上买了 15 件商品，今天收到了 6 件，请问还有多少件没有收到？请用“部分 - 整体”画图方法解答。

19. 过年了，妈妈带着小伟和妹妹一起包饺子，妈妈包了 26 个饺子，小伟包了 12 个饺子，妹妹包了 8 个饺子，请问一共包了多少个饺子？请用“部分 - 整体”画图方法解答。

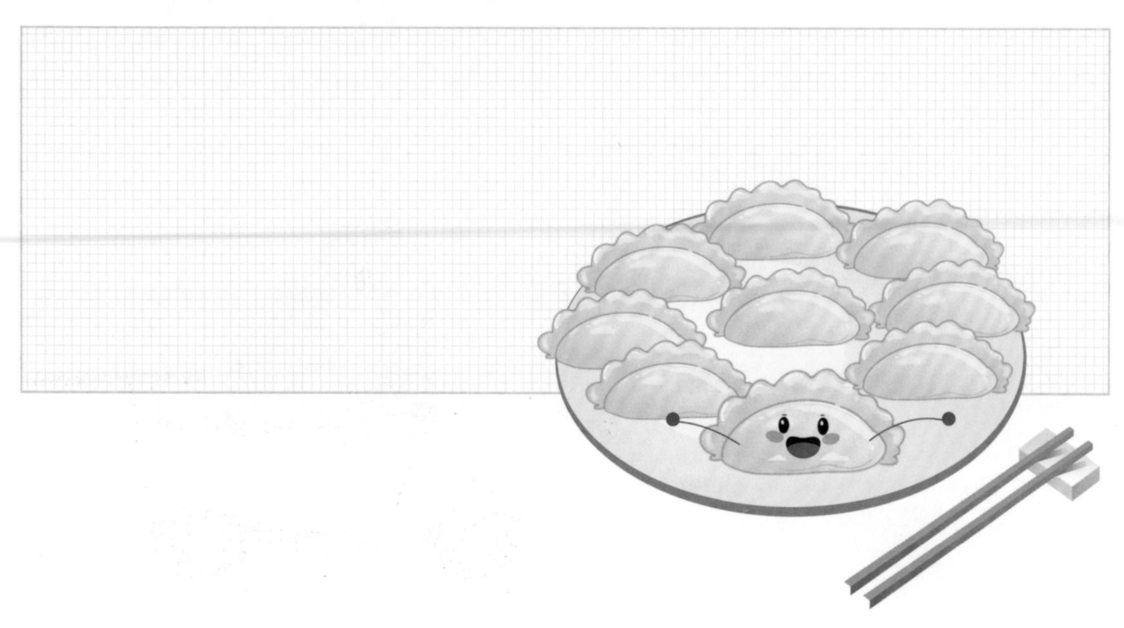

20. 过年了，妈妈带着小伟和妹妹一起包饺子，一共包了 50 个饺子，其中妈妈包了 32 个饺子，小伟包了 14 个饺子，请问妹妹包了几个饺子？请用“部分 - 整体”画图方法解答。

# 英语小拓展

对于“部分 – 整体”方法来说，解决这些问题的关键在于抓关键词，理解了关键词就能画出相应的图。我们很容易就能理解中文题目，但是如果题目里出现英文该怎么办呢?

这也不难，只要找准英文题目里的关键词就好了!

这里有一份关于“部分 – 整体”关键词的中英文对照表。

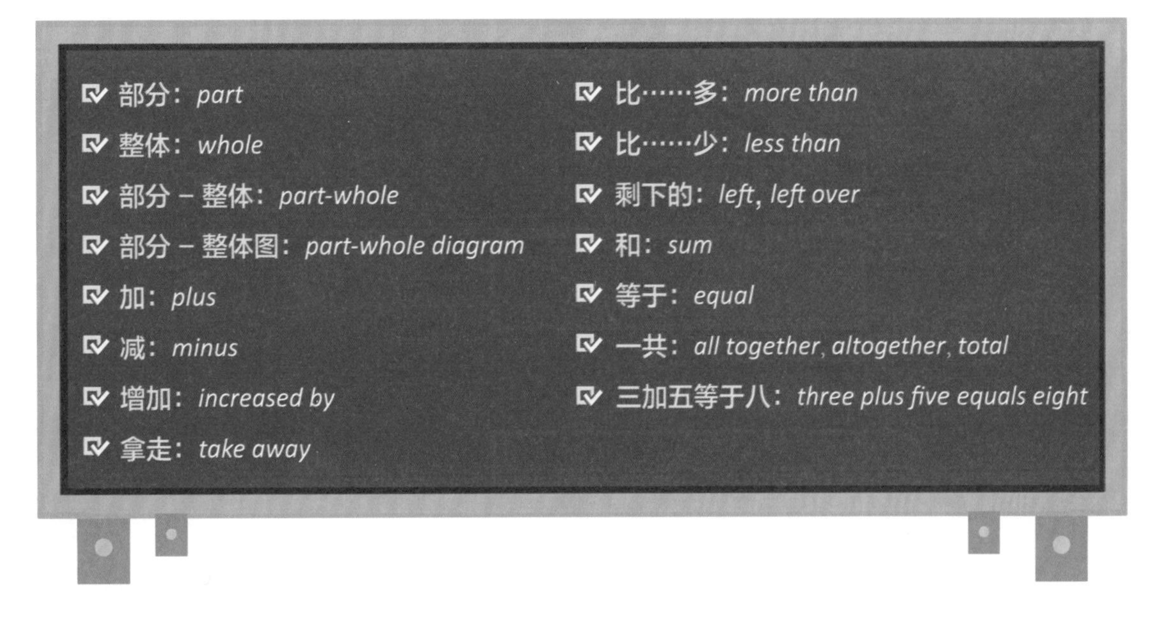


*Please solve the following word problems.*

Word Problem 1：

*There are 30 boys and 20 girls playing on the playground. How many students are there altogether on the playground?*

Word Problem 2：

*Mary bought 60 grapes and ate 20, how many were left?*

# 第4章

配视频课程

# 加法与减法之“比较”画图法

本章知识点相关视频课程：

- 第5节　加法与减法之“比较”画图法（一）
- 第6节　加法与减法之“比较”画图法（二）

# 知识点学习

## “比较”画图方法

上一章我们学习的“部分 – 整体”画图方法，对于“一个小组里面既有男生，也有女生”这种类型的题目特别有用。

可是问题来了，所有的应用场景都属于这种“部分 – 整体”的关系吗？

我们来看个小故事。

森林里住着一位小矮人，他的工作是挖宝石。
小矮人有很多可爱的小动物朋友，有小鸟、小熊、小象、小马、小鹿、小白兔、小松鼠等。
有一天，小矮人准备组织一场聚会，于是小鹿和小白兔出去采蘑菇。
小鹿采了 5 个蘑菇，
小白兔采了 3 个蘑菇。

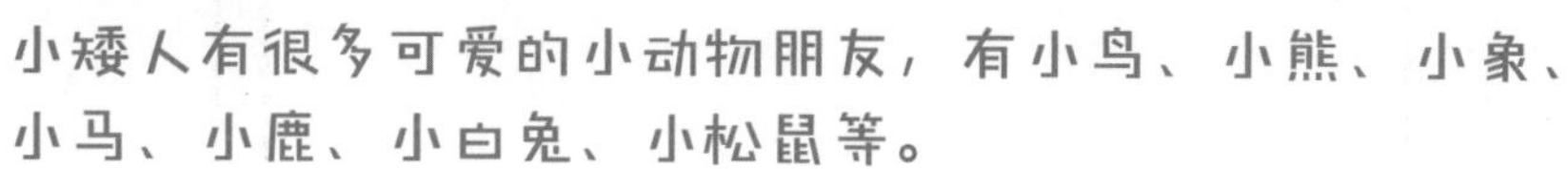

你能用画图的方法帮小矮人解答这个问题吗？

我们首先想到，可以画一张图，代表小鹿采的 5 个蘑菇。

小鹿

5

再画一张图，代表小白兔采的 3 个蘑菇。

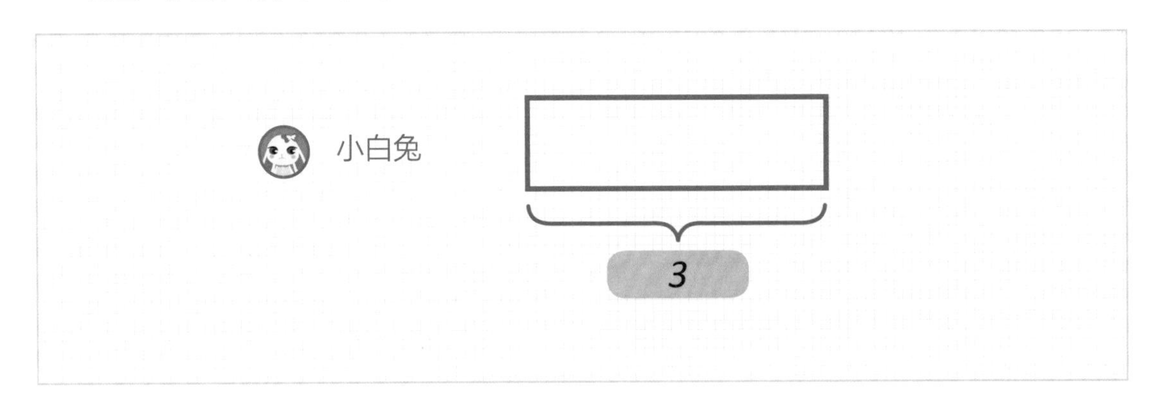


那么问题来了，这两个图该怎么摆放呢？

在前面的“部分 – 整体”画图方法里，我们有两种摆放方式，分别是：

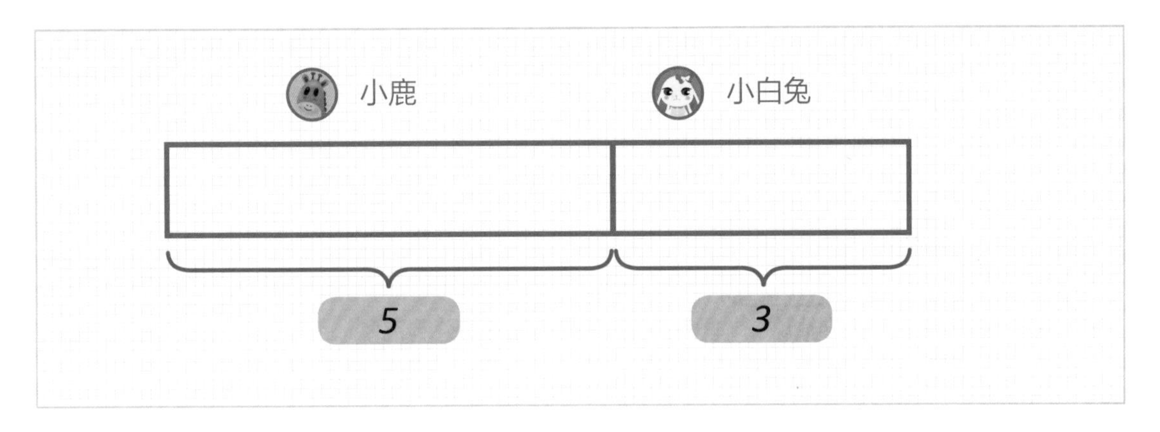


和：

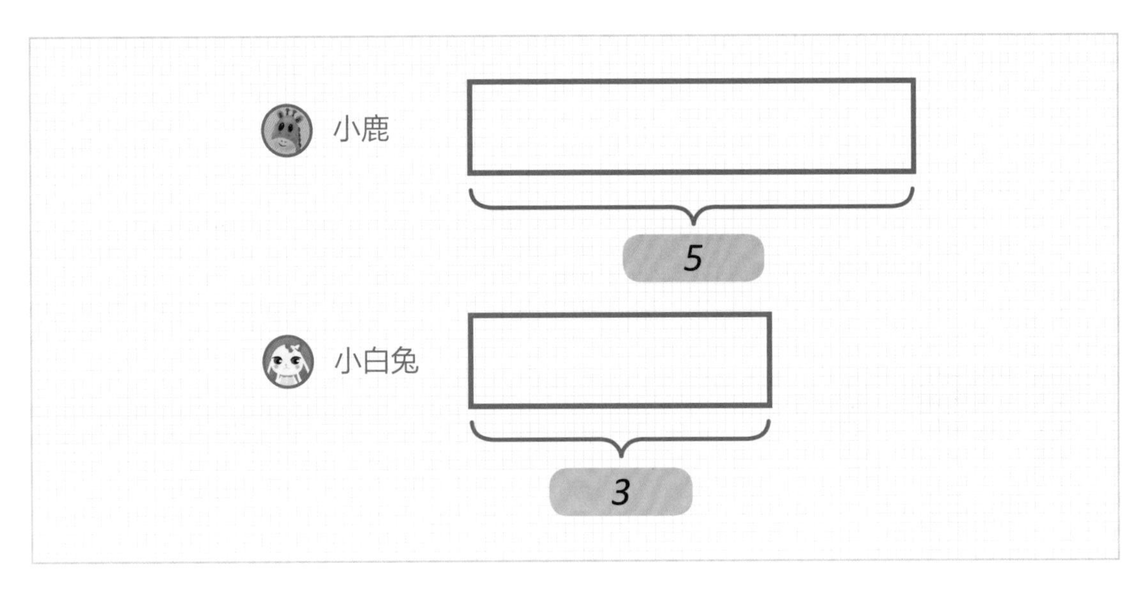

那对于小矮人的这个问题，我们是不是也可以用这两种图呢？

让我们首先试试将两个图左右摆放试试看：

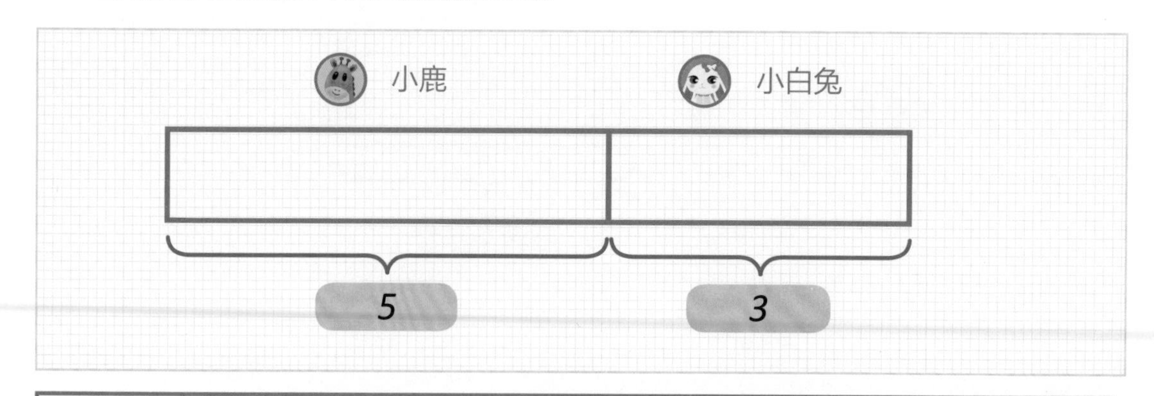


你能从上图看出来小鹿比小白兔多采几个蘑菇吗？

答案是不能，因为放在同一排的两个方框很难进行长短比较。

接下来，我们试试将两个图上下摆放看看：

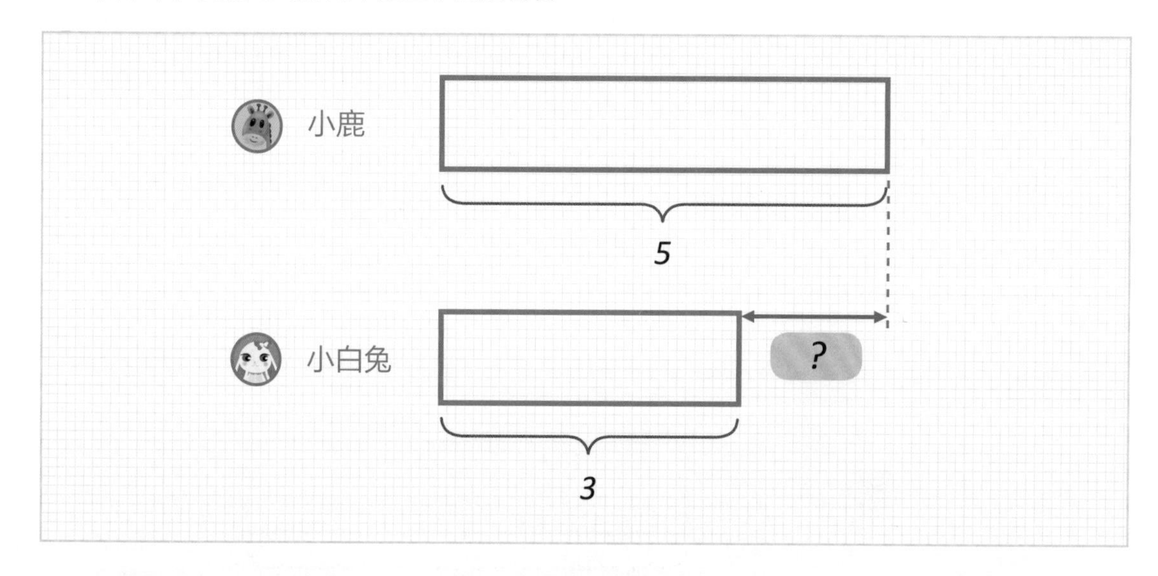


在这张图里，你能观察到多少信息？

首先，我们可以看到分别代表小鹿和小白兔采的蘑菇的方框，一个是5，另一个是3。

其次，我们可以看到小鹿的方框比小白兔的长，这代表小鹿采的蘑菇比小白兔的多。

最后，我们还能看到一个红色的箭头和问号：

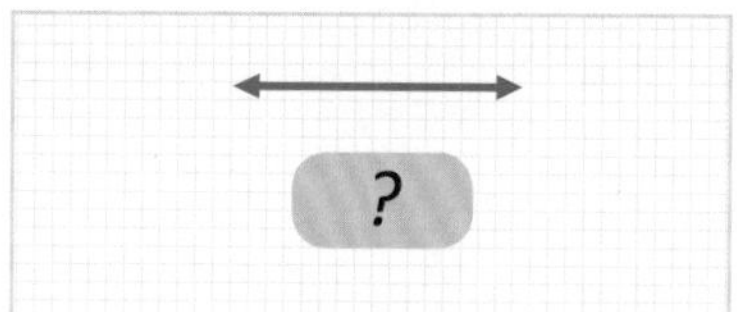

红色部分代表着小鹿和小白兔两者采的蘑菇数量的差值。这就是“比较”画图方法。

因此，虽然“比较”画图方法和“部分 – 整体”画图方法图形相似，但是还是有些区别的，在“比较”画图方法里，**我们关注的就是红色的差值部分！**

对了，我们可以根据图形，写出已知量和未知量。

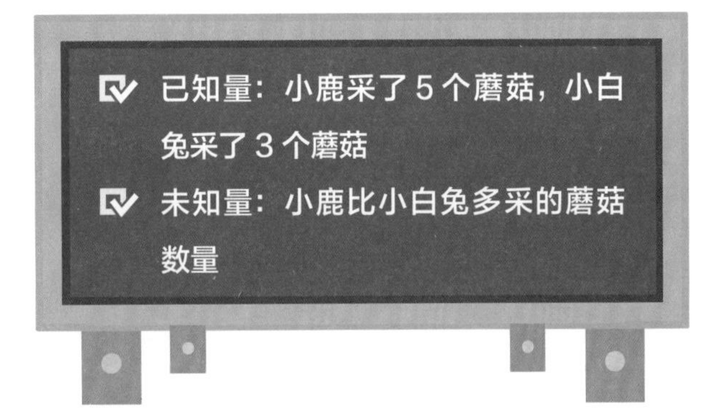


所以，如果想算这个差值的话，算式可以这样写：

**小鹿采的蘑菇数量** – **小白兔采的蘑菇数量** = **多采的蘑菇数量**

也就是：

$$5 - 3 = 2\text{（个）}$$

答：小鹿比小白兔多采了 2 个蘑菇。

## 2 其他两种题目变形

上面说的就是“比较”画图方法的基础概念，但是“比较”画图法没有那么简单，因为它还有几种不同的变形方式。

如果我们已经知道小鹿和小白兔采的蘑菇数量，那么我们可以计算它们俩采的蘑菇数量的差值，这是第 1 种变形方式。

❶ **多采的蘑菇数量** = **小鹿采的蘑菇数量** – **小白兔采的蘑菇数量**

如果我们已经知道小鹿采的蘑菇数量，也知道小鹿比小白兔多采几个蘑菇，那么我们可以计算小白兔采的蘑菇数量，这是第 2 种方式。

❷ 小白兔采的蘑菇数量 = 小鹿采的蘑菇数量 − 多采的蘑菇数量

如果我们已经知道小白兔采的蘑菇数量，也知道小鹿比小白兔多采几个蘑菇，那么我们可以计算小鹿采的蘑菇数量，这是第 3 种方式。

❸ 小鹿采的蘑菇数量 = 小白兔采的蘑菇数量 + 多采的蘑菇数量

我们之前说的题目是第 1 种类型，下面我们看第 2 种类型，题目是这样的：

> 还是小鹿和小白兔采蘑菇。
> 小鹿采了 5 个蘑菇，
> 它比小白兔多采了 2 个蘑菇。
> 回到家里，小矮人问："小白兔采了几个蘑菇呀？"

我们可以这样来画图：

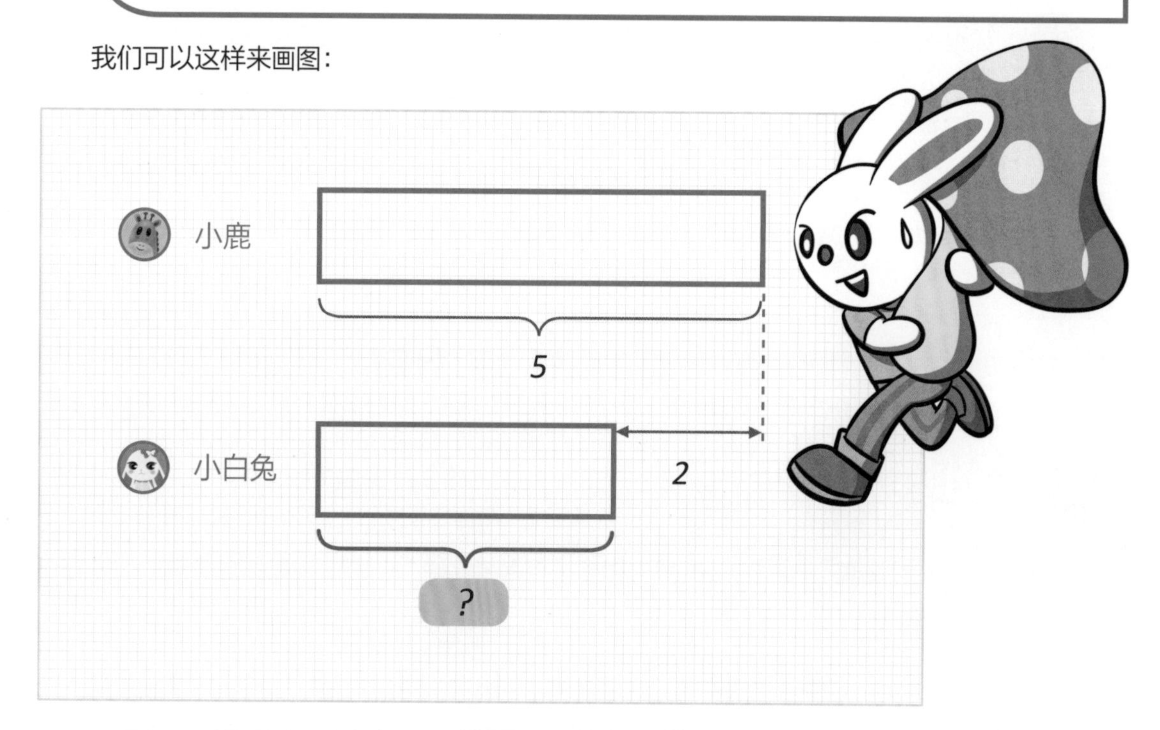


注意看，这里面有一个小变化，以前我们知道小白兔采的蘑菇数量，题目问差值多少。这次我们知道差值，题目问小白兔采的蘑菇数量是多少。

因此，虽然画出的图类似，但是算式有所不同。

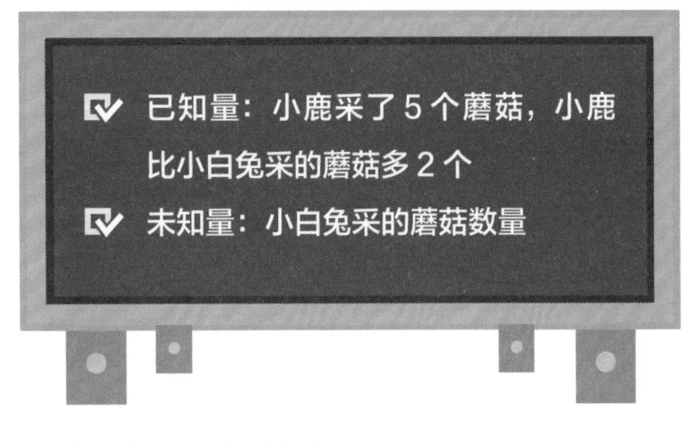


因此，算式可以这样列：

小鹿采的蘑菇数量 － 多采的蘑菇数量 ＝ 小白兔采的蘑菇数量

也就是：

$$5-2=3\text{（个）}$$

答：小白兔采了 3 个蘑菇。

接下来，我们再看第 3 种类型：

小白兔采了 3 个蘑菇，
小鹿比它多采了 2 个蘑菇。
回到家里，小矮人问：“小鹿采了几个蘑菇呀？”

我们仍然可以这样来画图：

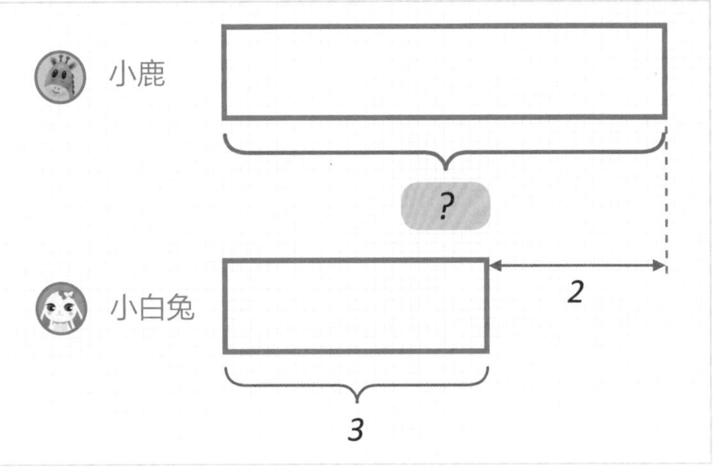

这张图跟以前画的也有所不同，你能找到不同的地方吗？

对了，之前我们知道小鹿采的蘑菇数量，问差值多少。现在是知道差值，问小鹿采的蘑菇数量是多少。

虽然画的图类似，但是算式又不一样了。很有意思的是，以前我们用的是减法，而在这道题目里，你觉得咱们还能用减法吗？

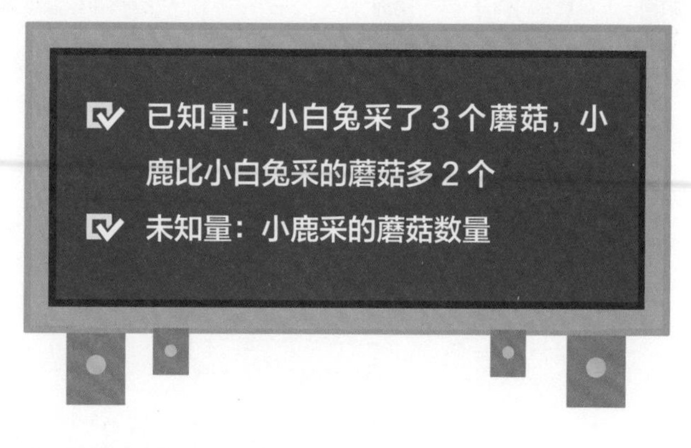


因此，算式可以这样表示：

小白兔采的蘑菇数量 + 多采的蘑菇数量 = 小鹿采的蘑菇数量

也就是：

$$3+2=5（个）$$

答：小鹿采了 5 个蘑菇。

## 3 理解“多”与“少”

我们再来看一道题：

小白兔采了 3 个蘑菇，
它比小鹿少采了 2 个蘑菇。
回到家里，小矮人问：“小鹿采了几个蘑菇呀？”

咦，你有没有发现这道题有种似曾相识的感觉啊？

对了，这道题跟上面的例题有几分相似！不过之前的题目是这样的：

小白兔采了 3 个蘑菇，
小鹿比它多采了 2 个蘑菇。
回到家里，小矮人问：“小鹿采了几个蘑菇呀？”

你看，这道题与上面的那道题其实是一样的意思，只不过语言表述有所不同，把“多”换成了“少”，上面的那道题说的是：

**小鹿比小白兔多采了 2 个蘑菇。**

这道题说的是：

**小白兔比小鹿少采了 2 个蘑菇。**

其实这两句话的含义是一模一样的。

同样的意思，却有不同的表述方式，中文是不是很奇妙啊？

因此，在处理“比较”问题的时候，往往有两种语言表述方式，你可以说 A 比 B 多几个，也可以说 B 比 A 少几个，尽管文字不一样，但含义却相同。

我们看题目的时候一定要认真，得找出比较双方的对应关系才行！

让我们看看本章的第一道题：

小鹿采了 5 个蘑菇，
小白兔采了 3 个蘑菇。
回到家里，小矮人问：“小鹿比小白兔多采了几个蘑菇呀？”

你能不能保持这道题目的含义不变，
改变一下题目的文字描述方式呢？
思考之后再告诉我答案吧！

对了，题目可以改成下面这个样子，含义和之前是一样的！

小鹿采了 5 个蘑菇，
小白兔采了 3 个蘑菇。
回到家里，小矮人问：“小白兔比小鹿**少**采了几个蘑菇呀？”

# 更大的数字

上面讲的都是 10 以内的加减法，非常容易，但是我们的画图方法同样适用于 100 以内、1000 以内或以上的加减法。

## ① 100 以内的加减法

有一天，小矮人带着小熊到山洞里面挖宝石，小矮人挖了 29 颗宝石，比小熊少 18 颗，小矮人问：小熊挖了多少颗宝石呢？

我们可以画出下面的图：

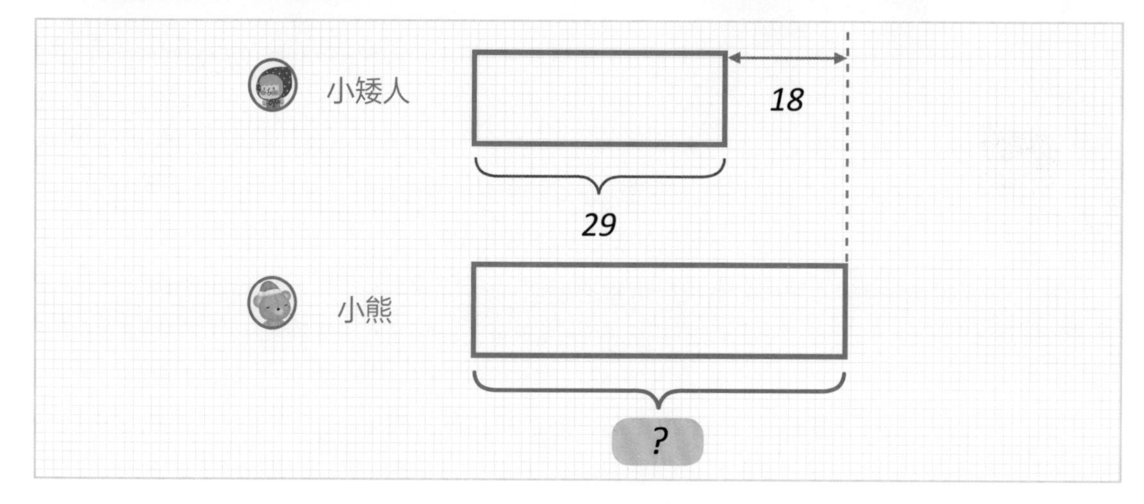

✅ 已知量：小矮人挖了 29 颗宝石，比小熊少 18 颗

✅ 未知量：小熊的宝石数量

列出算式：

$$29 + 18 = 47 \text{（颗）}$$

答：小熊挖了 47 颗宝石。

## ② 1000 以内的加减法：

小矮人的好朋友里有一只大松鼠和一只小松鼠。
有一天，它们采了很多坚果送给小矮人。
大松鼠采了 224 颗，小松鼠比大松鼠少采了 115 颗。
小矮人问：“小松鼠采了多少颗坚果呀？”

我们可以画出下面的图：

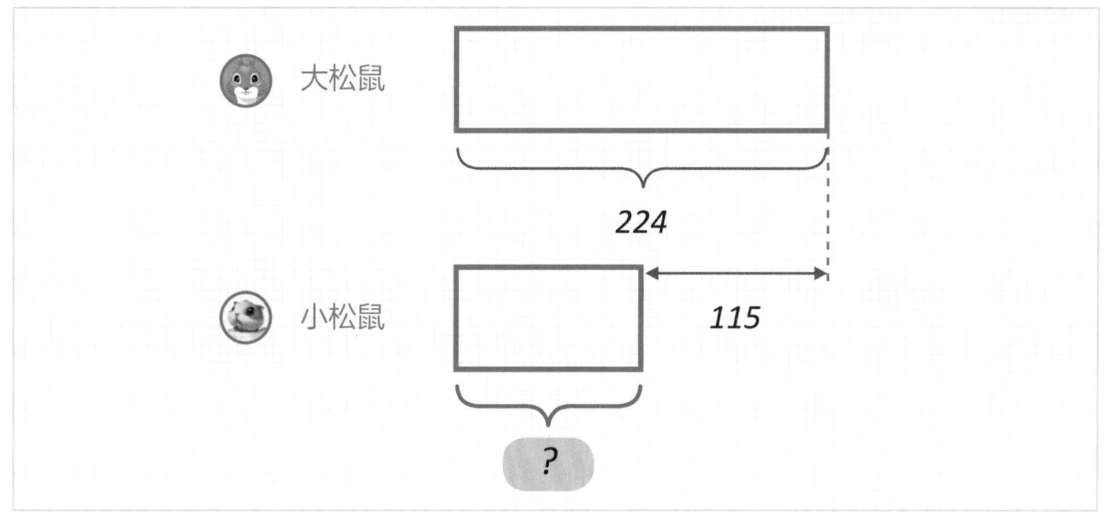

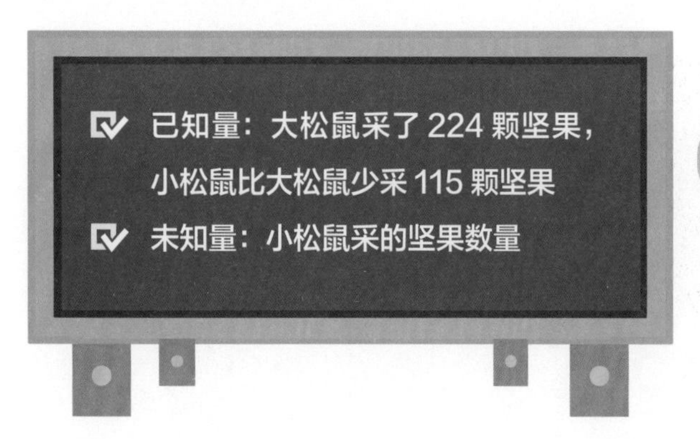


列出算式：

$$224 - 115 = 109\text{（颗）}$$

答：小松鼠采了 109 颗坚果。

你看，无论数字有多大，我们都可以通过画图来解决这些数学问题。
画图的方法是不是很有用啊？

## 5 多个比较关系怎么办？

上面讲的都是两个人或者物品之间的比较，如果我们有 3 个甚至更多的物品要比较，又该怎么办呢？

小矮人在森林里举办了一场派对，很多小动物都来参加，
有小鸟、小兔子和小松鼠。
其中小鸟有 28 只，小兔子比小鸟少 11 只，小松鼠比小兔子多 14 只。
小矮人在统计参加派对的小动物的数量，小兔子和小松鼠各来了多少只呢？

这里面有 3 种动物需要比较，
想想看，你会怎样画图呢？
想一想吧！

我们可以画出下面的图：

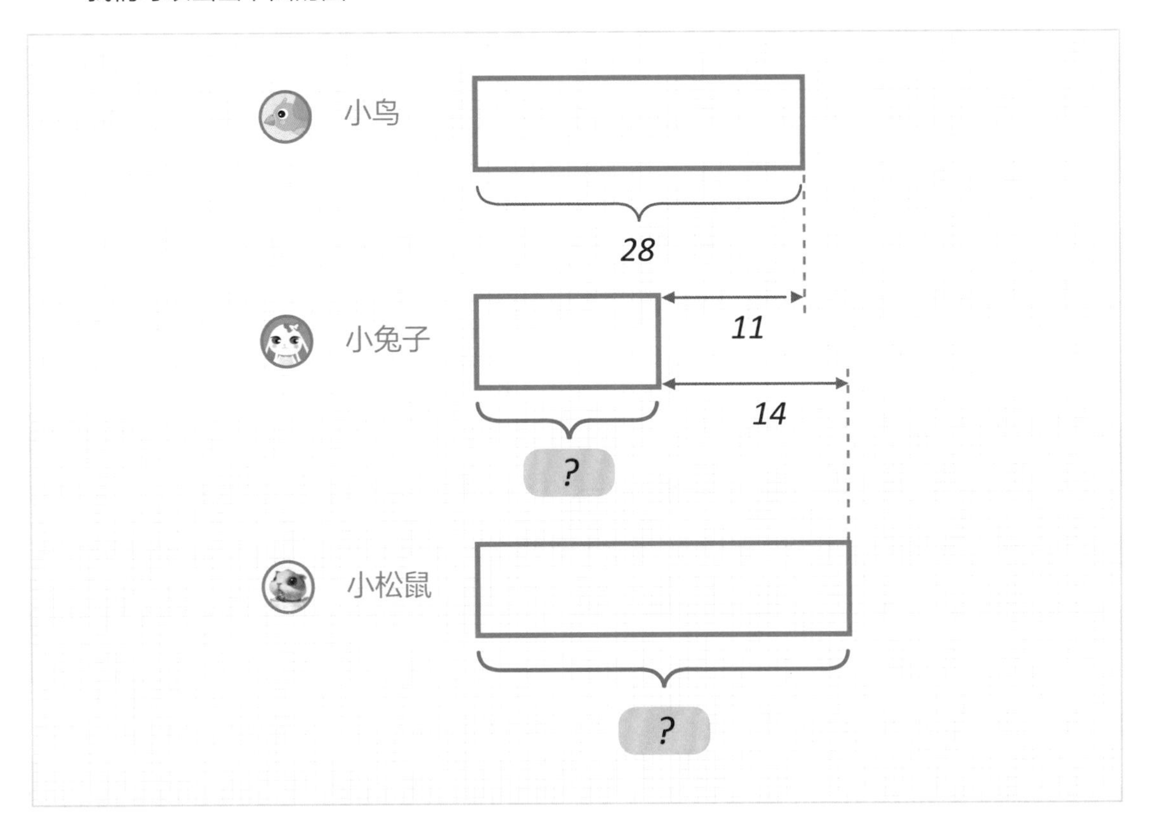


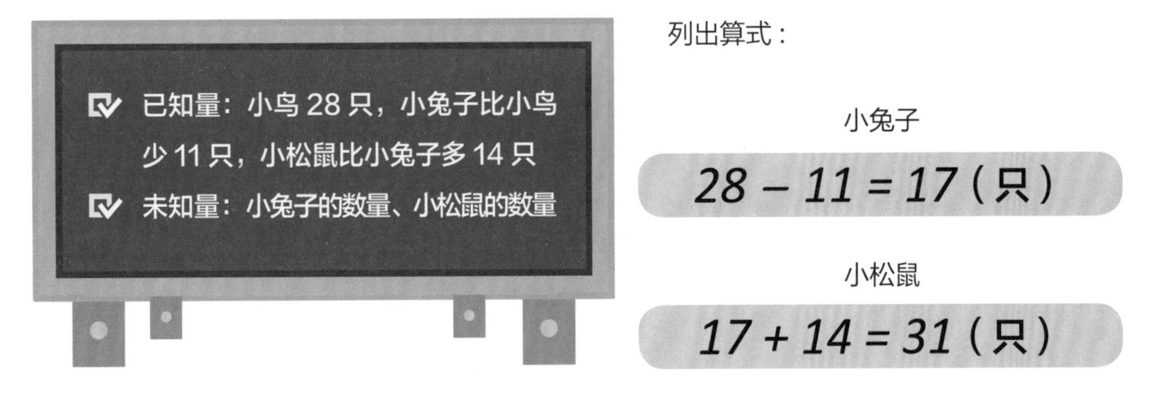


列出算式：

小兔子

$28 - 11 = 17$（只）

小松鼠

$17 + 14 = 31$（只）

答：小兔子来了 17 只，小松鼠来了 31 只。

大家要记住哟！如果遇到多个比较关系的话，不用怕，只要挨个画图，再难的问题也难不倒我们！

## 挑战一下

开派对的那天，小矮人烤了一大盒面包，小动物们可喜欢吃面包了，每个小动物都拿了点。其中小象和小马拿的面包数量一样多。
这时候小白兔走了过来，它也想吃面包。可是面包盒子都空了，怎么办？
于是，小象对小白兔说："小白兔，我分3块面包给你吧！"
请问，分完面包后，小象比小马少多少块面包呢？

仔细想一想，这道题与前面的题目不太一样哦！不一样在哪里呢？

题目没有告诉我们，小象和小马各有多少块面包。

但是没关系，我们一样可以画出下面的图，尽管上面没有数字：

小象

小马

因为小象和小马的面包一样多，所以这两个方框一样长。

接下来，题目又告诉我们小象送给小白兔 3 块面包，我们怎么在图上表示呢？

很简单，只要用一个阴影部分来表示就行啦！就像下面这样，图上橙色阴影部分就表示小象送出去的 3 块面包。

小象

3

小马

我们列出已知量和未知量：

所以，此时要计算小象比小马少多少块面包，在图上怎么来表示呢？

可以像下面这样来表示：

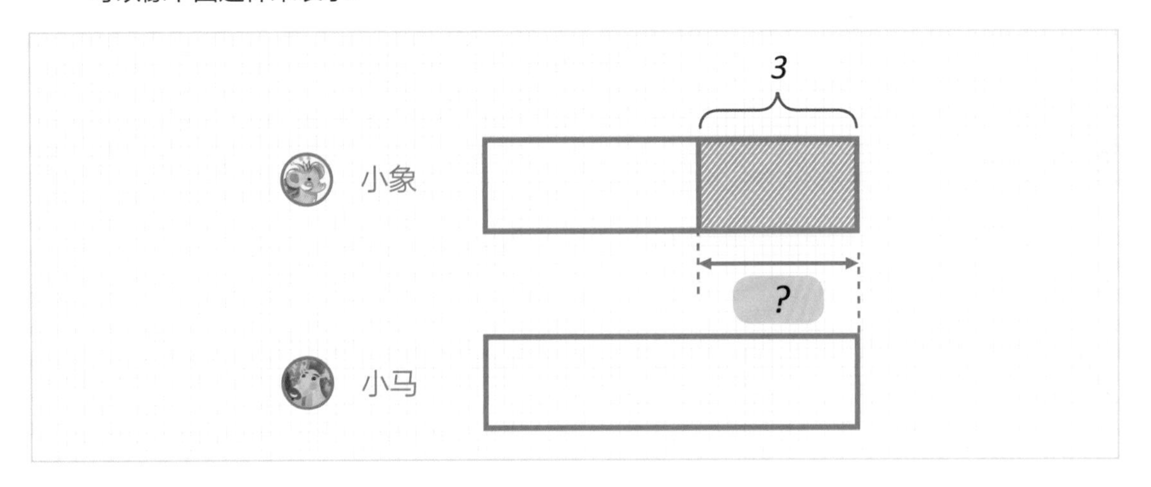


我想，看到这里，聪明的你应该已经知道了，答案是多少呢？

没错，小象比小马少 3 块面包。

答：小象比小马少 3 块面包。

## 7 挑战难度高一点儿

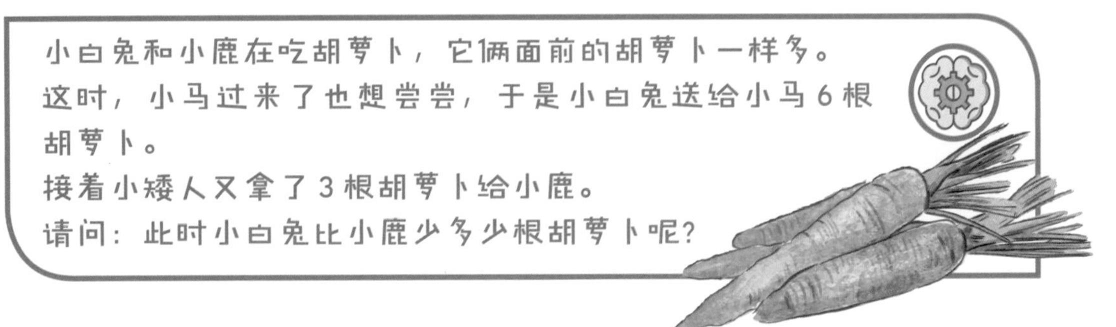

小白兔和小鹿在吃胡萝卜，它俩面前的胡萝卜一样多。

这时，小马过来了也想尝尝，于是小白兔送给小马 6 根胡萝卜。

接着小矮人又拿了 3 根胡萝卜给小鹿。

请问：此时小白兔比小鹿少多少根胡萝卜呢？

跟上一个例子一样，题目也没有告诉我们小白兔和小鹿具体有多少根胡萝卜，而且题目里面还有小马、小矮人，你是不是觉得有点儿晕头转向呢？

哈哈，其实这里面，我们只要看小鹿和小白兔就可以啦。

先画出下面的图：

小白兔

小鹿

开始的时候，小白兔和小鹿的胡萝卜是一样多的，所以我们直接画出来就行了。

题目没有告诉我们具体有多少根胡萝卜也没有关系，我们只要把它们的方框画成一样长就行啦。

接下来，题目又告诉我们小白兔送给小马 6 根胡萝卜，小矮人送给小鹿 3 根胡萝卜。我们怎么在图上表示呢？

很简单，只要用一个阴影部分来表示就行啦！就像下面这样，图上橙色阴影部分就表示小白兔送出去的 6 根胡萝卜，也就是少了 6 根胡萝卜。蓝色阴影部分表示小鹿又拿到了 3 根胡萝卜，也就是多了 3 根胡萝卜。

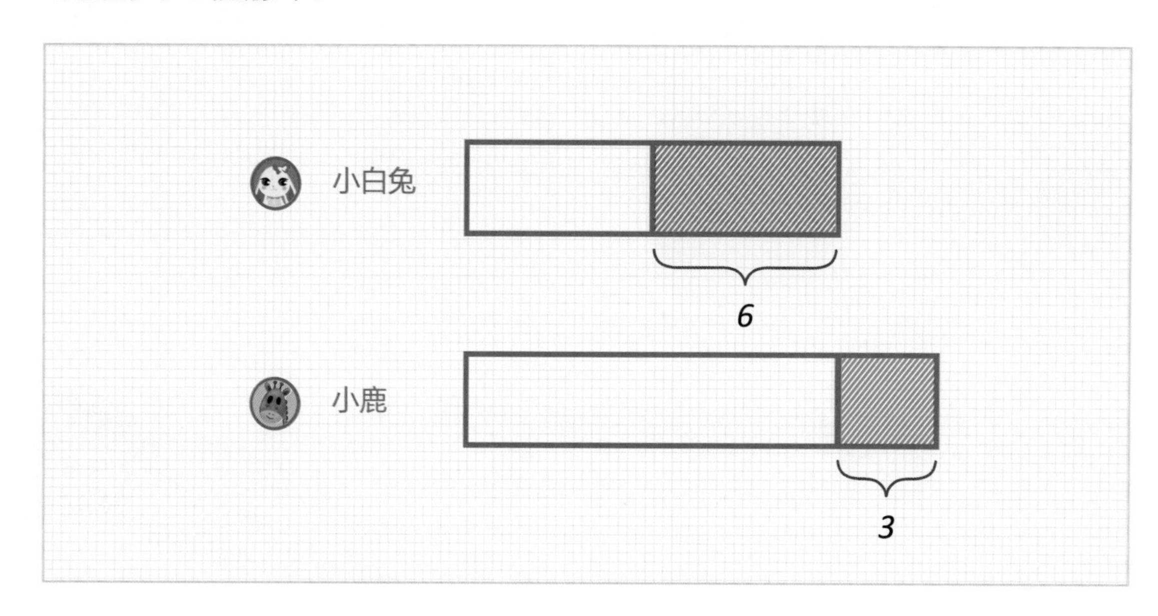

我们列出已知量和未知量：

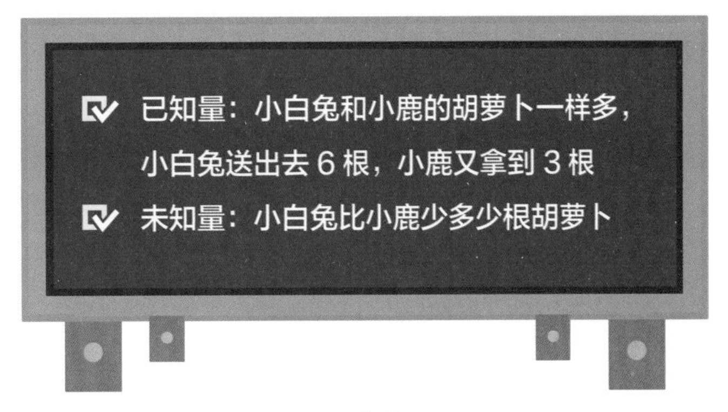


所以，此时要计算小白兔比小鹿少多少根胡萝卜，在图上怎么来表示呢？

可以像下面这样来表示：

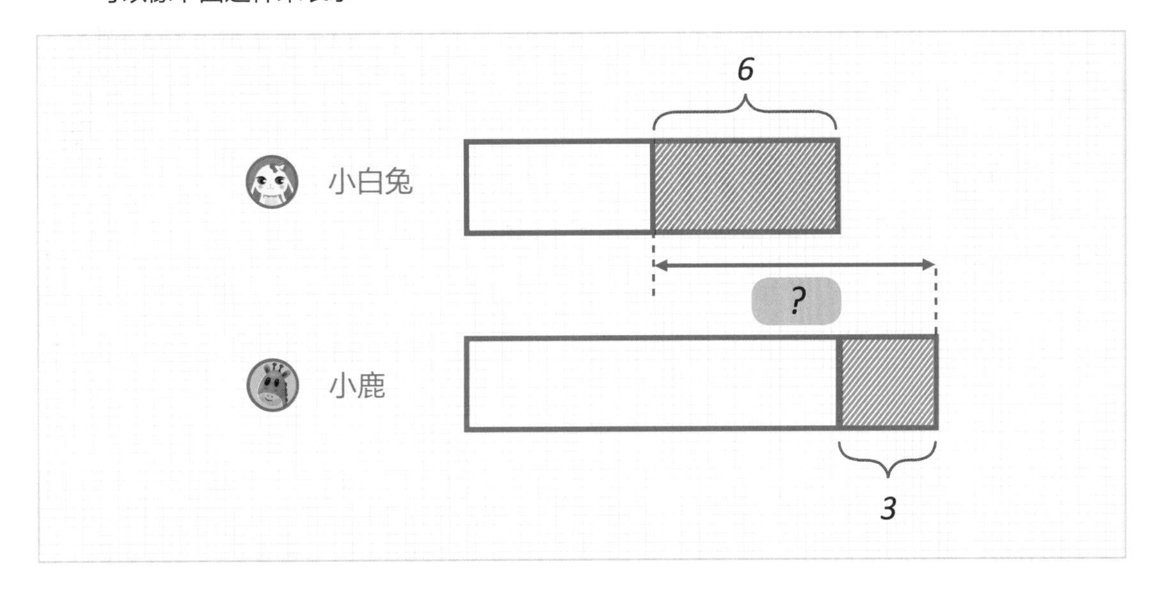


上面的红色方框表示小白兔的胡萝卜，下面最大的深蓝色方框表示小鹿的胡萝卜。

我想，看到这里，聪明的你应该已经知道了，答案是多少呢？

没错，可以列出算式：

$$6+3=9\text{（根）}$$

答：小白兔比小鹿少9根胡萝卜。

# 思维训练

1. 在植树节上，一班栽了 20 棵树，二班栽了 30 棵树，问二班比一班多栽了多少棵树？

① 为这道题写出已知量和未知量：

已知量：

未知量：

② 使用“比较”方法为这道题画图：

③ 根据图列出算式：

答：

二班比一班多栽了 ______ 棵树。

2. 在植树节上，二班栽了 30 棵树，比一班多栽了 10 棵树，问一班栽了多少棵树？

① 为这道题写出已知量和未知量：

已知量：

未知量：

② 使用“比较”方法为这道题画图：

③ 根据图列出算式：

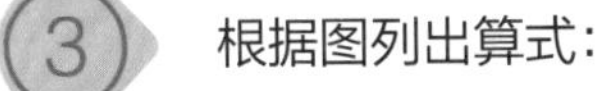

答：

一班栽了 ________ 棵树。

3. 在植树节上，一班栽了 20 棵树，比二班少栽了 10 棵树，问二班栽了多少棵树？

① 为这道题写出已知量和未知量：

已知量：

未知量：

② 使用“比较”方法为这道题画图：

③ 根据图列出算式：

答：

二班栽了 ______ 棵树。

4. 仔细观察下面的图：

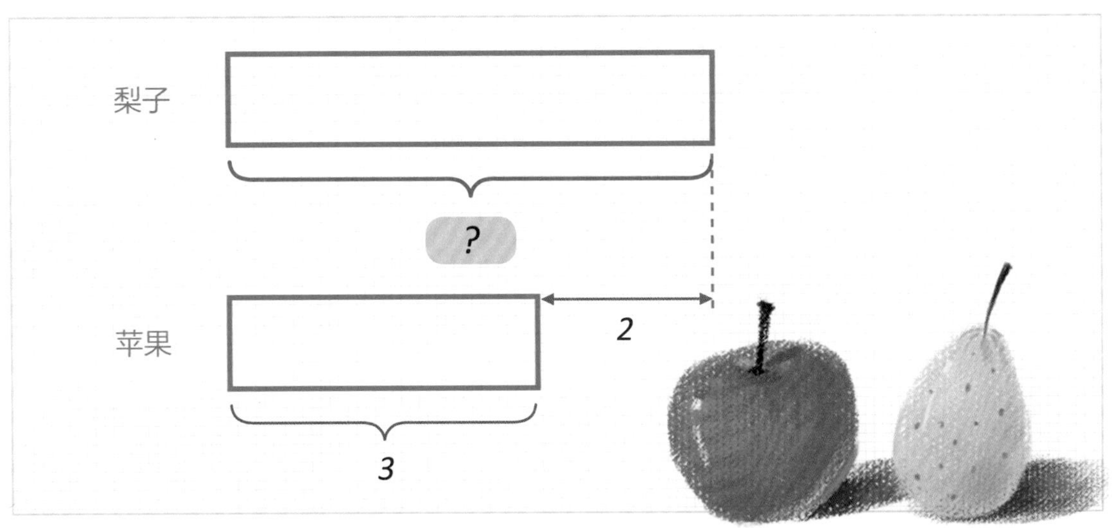


① 请设计一道应用题，写在下面的方框内，也可以讲给爸爸妈妈听，看看他们能做出来吗？

② 为这道题写出已知量和未知量：

已知量：

未知量：

③ 根据图列出算式：

答：

5. 仔细观察下面的图：

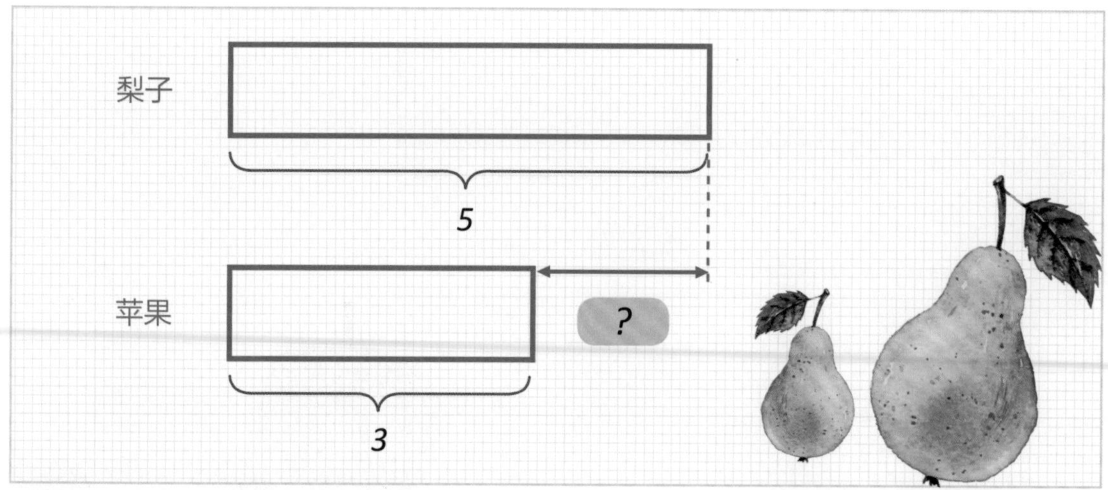


1 请设计一道应用题，写在下面的方框内，也可以讲给爸爸妈妈听，看看他们能做出来吗？

2 为这道题写出已知量和未知量：

已知量：

未知量：

3 根据图列出算式：

答：

## 6. 仔细观察下面的图：

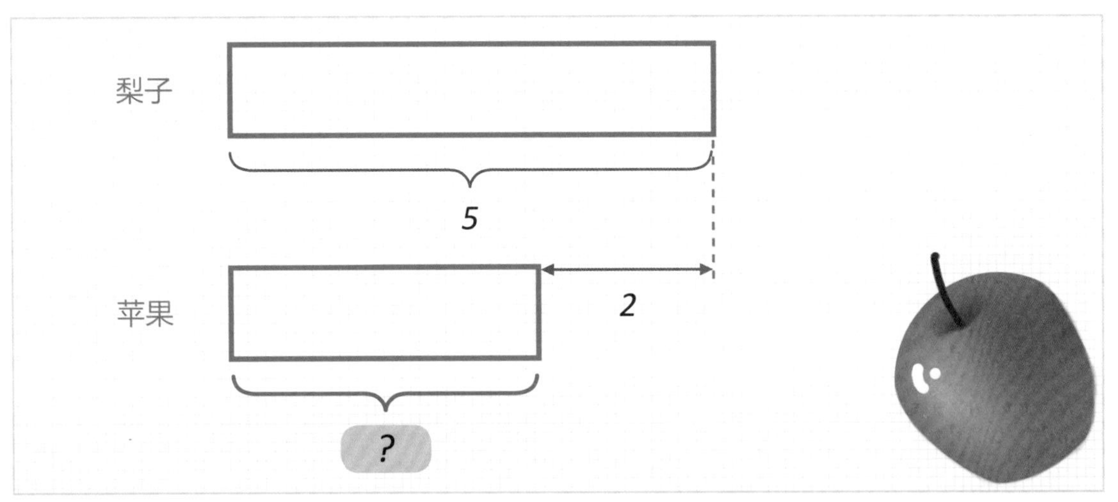


① 请设计一道应用题，写在下面的方框内，也可以讲给爸爸妈妈听，看看他们能做出来吗？

② 为这道题写出已知量和未知量：

- 已知量：
- 未知量：

③ 根据图列出算式：

答：

## 7. 仔细观察下面的图：

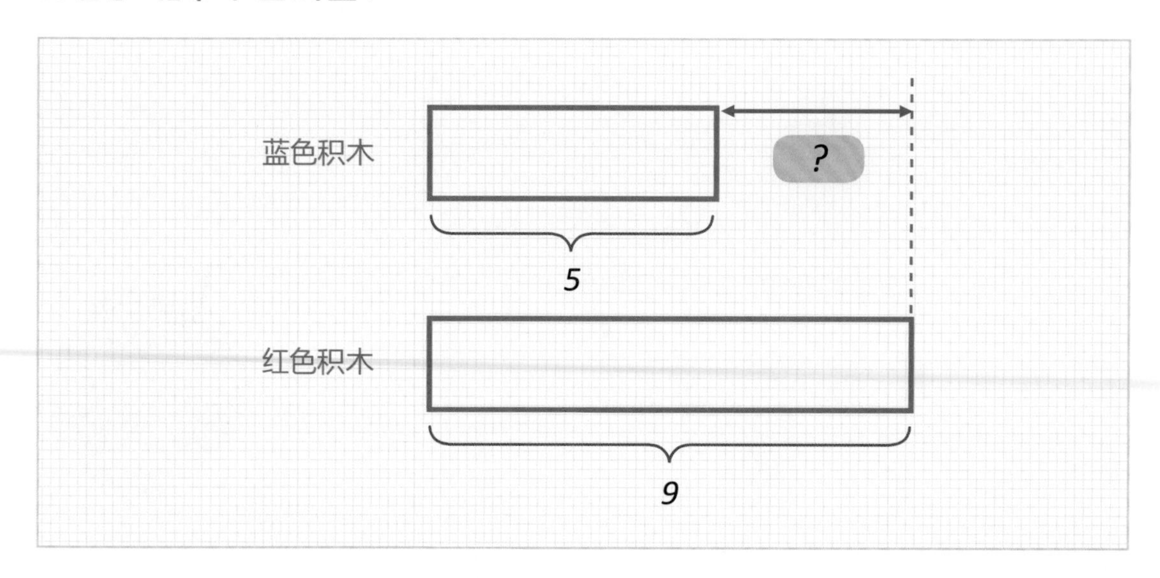


根据这张图，怎么来设计一道应用题？

可以这样来设计：

蓝色积木有5块，红色积木有9块，请问红色积木比蓝色积木多几块？

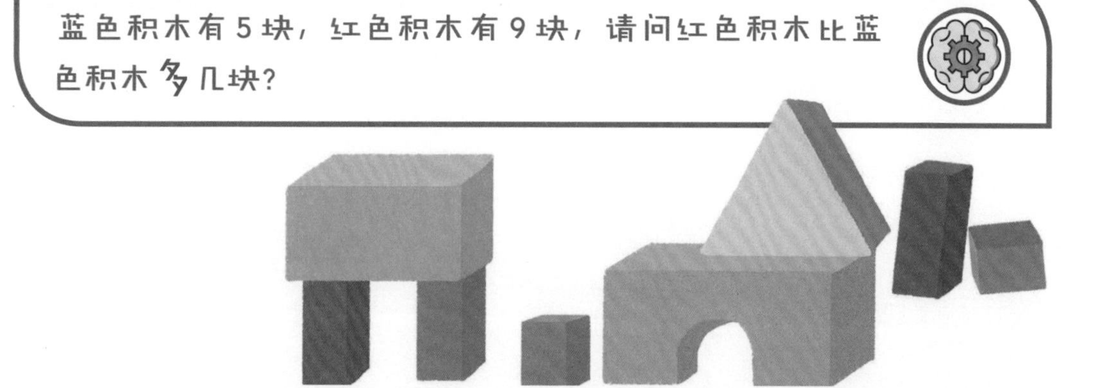

小朋友，想一想，同样的图形，如果换一种出题的方式，可以吗？讲给爸爸妈妈听吧。

8. 仔细观察下面的图：

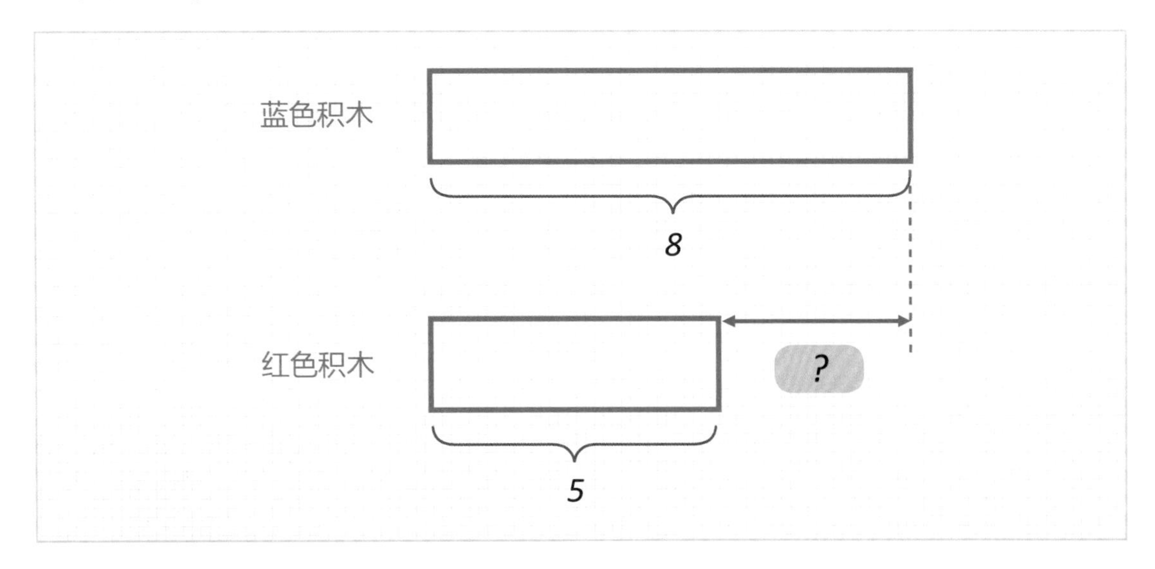


根据这张图，怎么来设计一道应用题？

可以这样来设计：

蓝色积木有8块，红色积木有5块，请问红色积木比蓝色积木**少**几块？

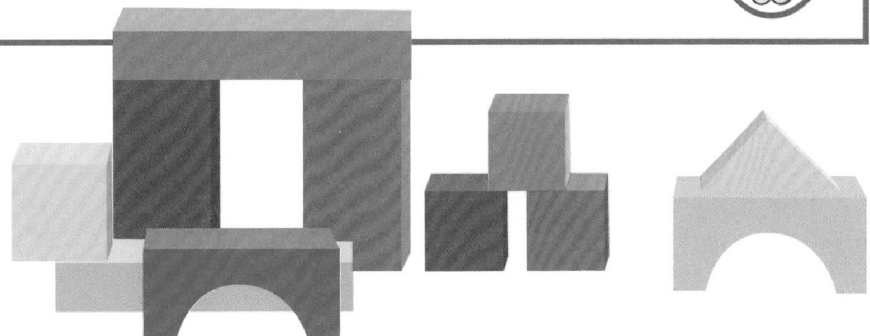

小朋友，想一想，同样的图形，如果换一种出题的方式，可以吗？讲给爸爸妈妈听吧。

☆ 9. 仔细观察下面的图：

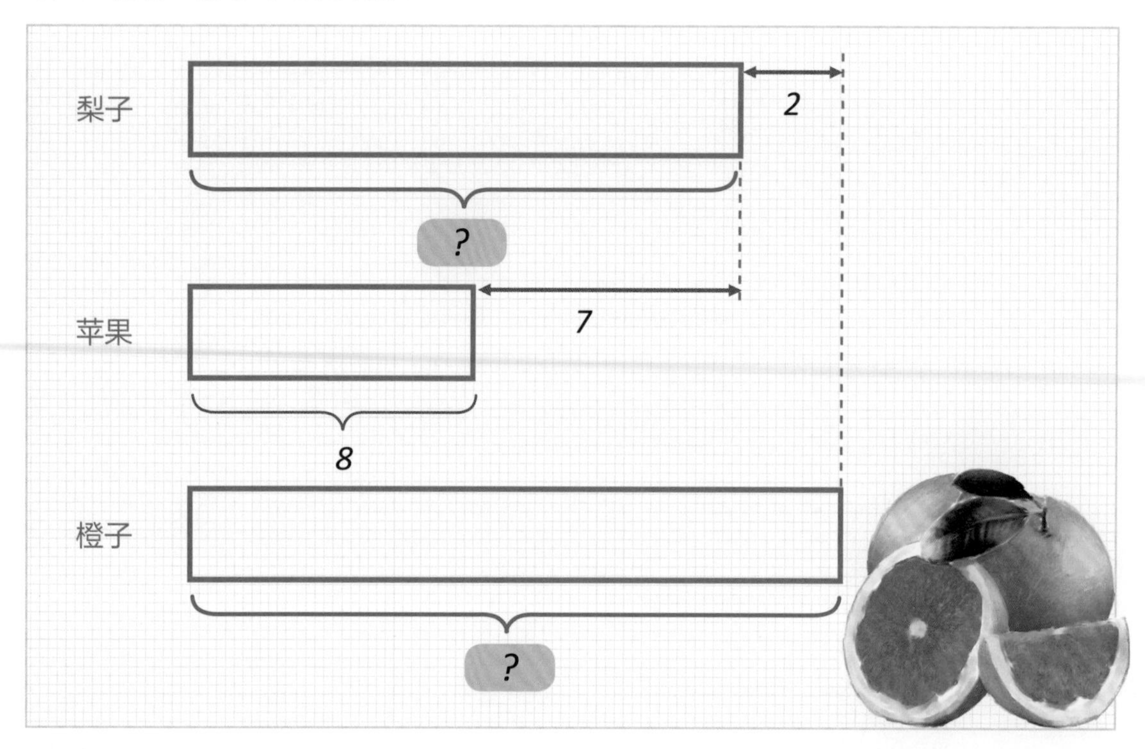


① 请设计一道应用题，写在下面的方框内，也可以讲给爸爸妈妈听，看看他们能做出来吗？

② 为这道题写出已知量和未知量：

已知量：

未知量：

③ 根据图列出算式：

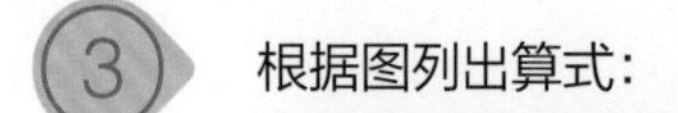

答：

☆ 10. 仔细观察下面的图：

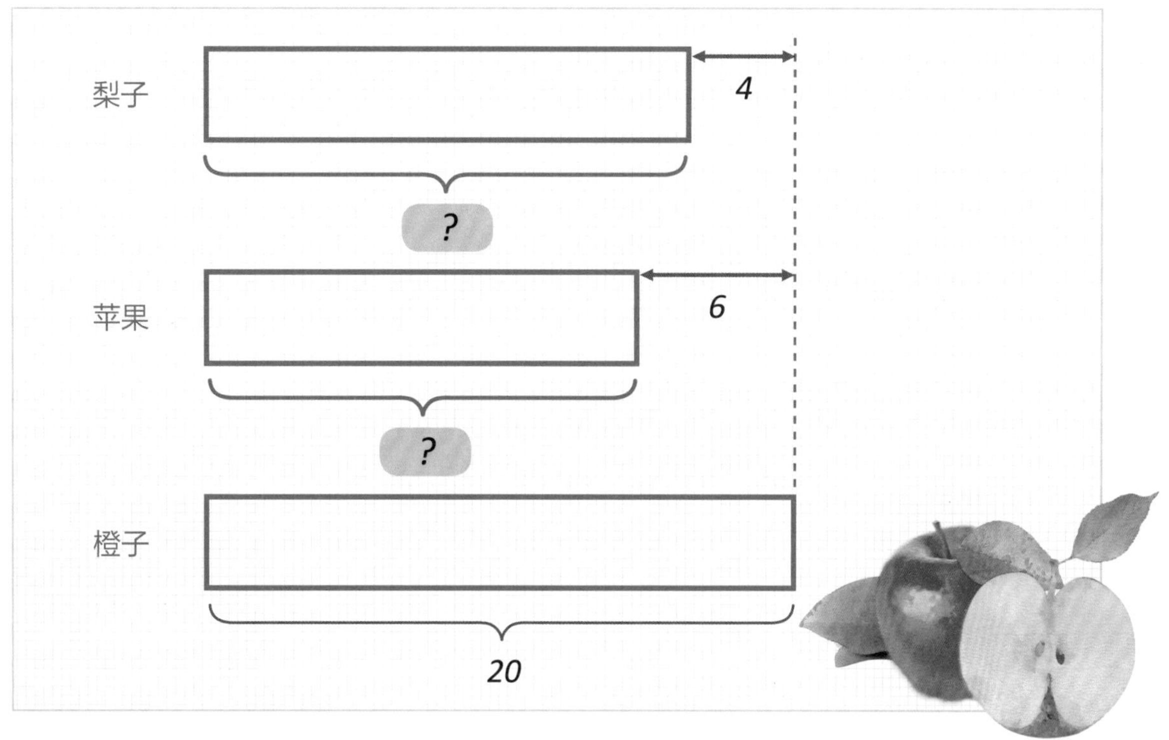


① 请设计一道应用题，写在下面的方框内，也可以讲给爸爸妈妈听，看看他们能做出来吗？

② 为这道题写出已知量和未知量：

已知量：

未知量：

③ 根据图列出算式：

答：

## ☆ 11. 仔细观察下面的图：

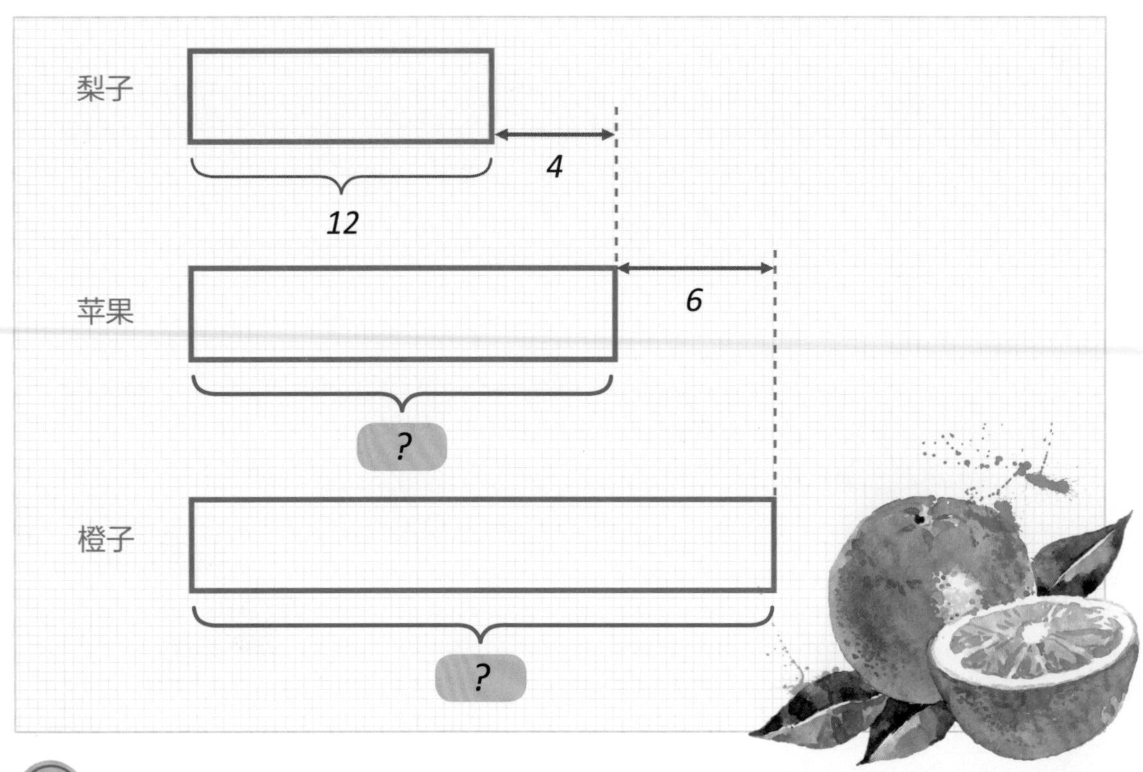


① 请设计一道应用题，写在下面的方框内，也可以讲给爸爸妈妈听，看看他们能做出来吗？

② 为这道题写出已知量和未知量：

已知量：

未知量：

③ 根据图列出算式：

答：

☆ 12. 体育用品超市里面，有足球 26 个，足球比篮球多 7 个，篮球比排球多 3 个，请问篮球有多少个？排球有多少个？

① 为这道题写出已知量和未知量：

- 已知量：
- 未知量：

② 使用“比较”方法为这道题画图：

③ 根据图列出算式：

答：

篮球有 ______ 个，排球有 ______ 个。

☆ 13. 体育用品超市里面，有足球 35 个，足球比篮球多 4 个，足球比排球多 12 个，请问篮球有多少个？排球有多少个？

① 为这道题写出已知量和未知量：

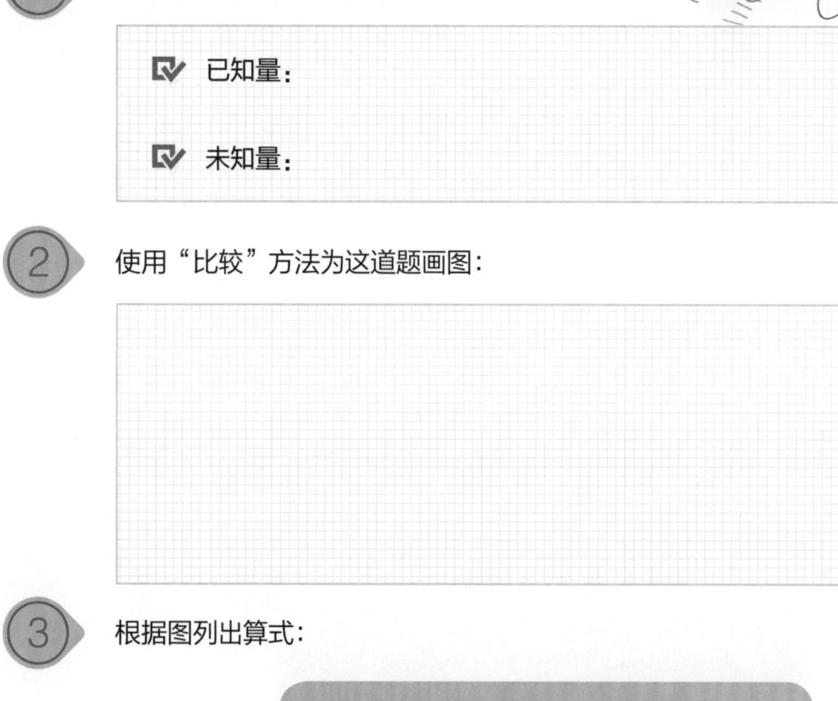

已知量：

未知量：

② 使用“比较”方法为这道题画图：

③ 根据图列出算式：

答：

篮球有 ______ 个，排球有 ______ 个。

☆ 14. 体育用品超市里面，有足球 19 个，足球比篮球多 7 个，排球比篮球少 11 个，请问篮球有多少个？排球有多少个？

1 为这道题写出已知量和未知量：

已知量：

未知量：

2 使用“比较”方法为这道题画图：

3 根据图列出算式：

答：

篮球有 ______ 个，排球有 ______ 个。

☆☆ 15. 体育用品超市里面，足球比篮球多 8 个，排球比橄榄球少 11 个，篮球比排球多 5 个，请问足球和橄榄球哪种球的数量更多？差了多少个？

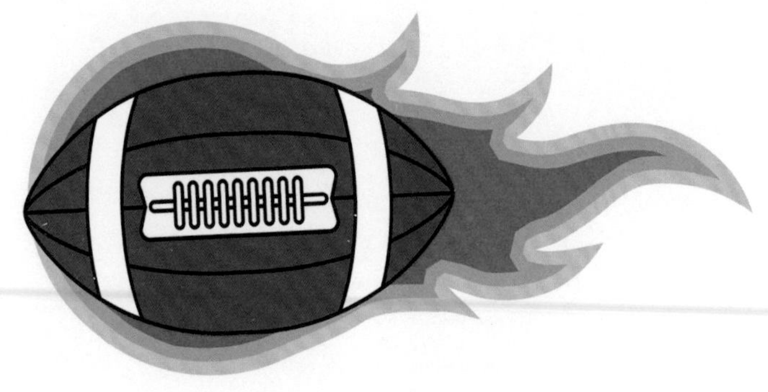

① 为这道题写出已知量和未知量：

已知量：

未知量：

② 使用“比较”方法为这道题画图：

③ 根据图列出算式：

答：请问足球和橄榄球哪个数量更多？　　差了多少个？

□ 足球　□ 橄榄球

______________

16. 面包店里今天做了 136 块面包，做的饼干比面包多 68 块。请问面包店今天做了多少块饼干？

① 为这道题写出已知量和未知量：

已知量：

未知量：

② 使用“比较”方法为这道题画图：

③ 根据图列出算式：

答：

面包店今天做了 ________ 块饼干。

17. 学校里有男同学 546 名，比女同学多 38 名。请问有多少名女同学？

① 为这道题写出已知量和未知量：

已知量：

未知量：

② 使用“比较”方法为这道题画图：

③ 根据图列出算式：

答：

学校里有 ______ 名女同学。

18. 丹丹和东东有一样多的图画书，丹丹送了5本书给别人。请问此时丹丹比东东少多少本书？

① 为这道题写出已知量和未知量：

- 已知量：
- 未知量：

② 使用“比较”方法为这道题画图：

答：

此时丹丹比东东少 ______ 本书。

☆ 19. 小青和小丽都很喜欢画画，小青和小丽有一样多的画笔，小青送了 8 支画笔给小冬，老师送给小丽 9 支画笔。请问此时小丽比小青多了多少支画笔？

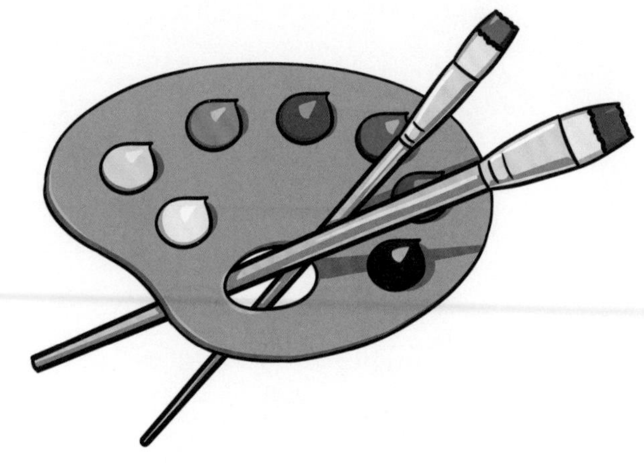

① 为这道题写出已知量和未知量：

已知量：

未知量：

② 使用“比较”方法为这道题画图：

③ 根据图列出算式：

答：

此时小丽比小青多了________ 支画笔。

☆ 20. 小华和小晨这个星期看了一样多的书，今天小华又看了 5 页，小晨又看了 10 页。请问此时小晨比小华多看了多少页？

① 为这道题写出已知量和未知量：

已知量：

未知量：

② 使用“比较”方法为这道题画图：

③ 根据图列出算式：

答：

此时小晨比小华多看了______页。

# 英语小拓展

对于“比较画图法”来说，解决这些问题的关键在于抓关键词，理解了关键词就能画出相应的图形。我们很容易就能理解中文题目，但是如果题目里出现英文该怎么办呢？

这也不难，只要找准英文题目里的关键词就好了！

这里有一份关于“比较画图法”关键词的中英文对照表。

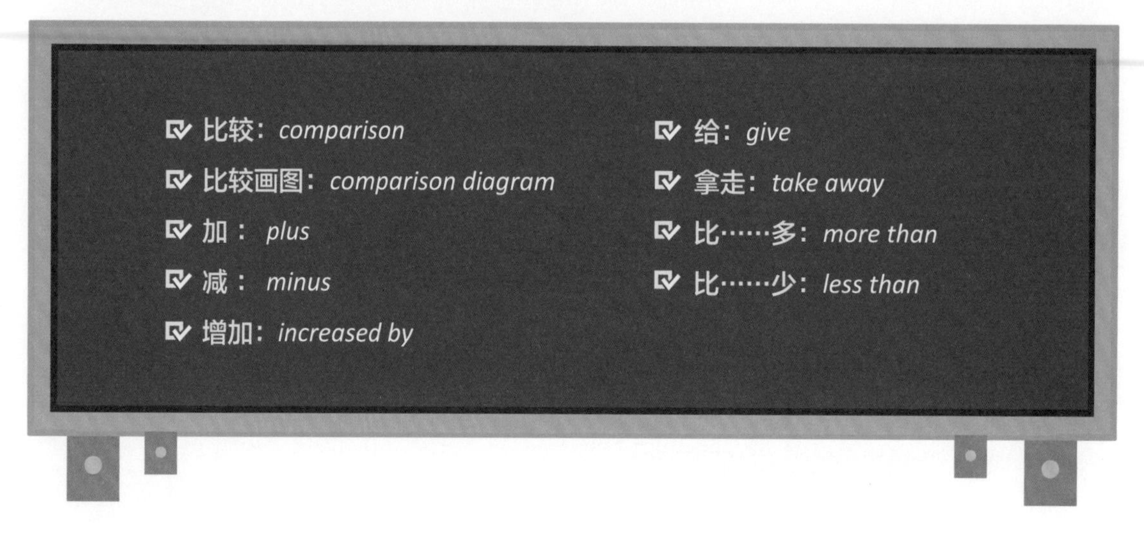

- 比较：*comparison*
- 比较画图：*comparison diagram*
- 加： *plus*
- 减： *minus*
- 增加：*increased by*
- 给：*give*
- 拿走：*take away*
- 比……多：*more than*
- 比……少：*less than*

*Please solve the following word problems.*

Word Problem 1：

*Alice baked 18 cupcakes.*

*Mary baked 24 more cupcakes than Alice.*

*How many cupcakes did Mary bake?*

Word Problem 2：

*Alice and Mary had the same number of apples.*

*Alice gave 5 apples to Tom.*

*Jack gave 8 apples to Mary.*

*How many more apples does Mary have than Alice in the end?*

# 第 5 章

STEAM 项目

# 制作柱状图

# 背景知识

## 神奇的柱状图

小朋友们，大家先来看一个世界多个国家人口的表格。下表为中国外交部官网 2019 年 12 月更新的数据。

| 国家 | 人口（单位：万人） |
|---|---|
| 印度 | 132,400 |
| 巴西 | 21,000 |
| 美国 | 33,000 |
| 印度尼西亚 | 26,200 |
| 孟加拉国 | 16,000 |
| 墨西哥 | 12,300 |
| 俄罗斯 | 14,600 |
| 中国 | 140,005 |
| 尼日利亚 | 20,100 |
| 巴基斯坦 | 20,800 |

我来考考你，你能找到俄罗斯的人口是多少吗？可以用笔把它圈出来吗？

答案是 14,600 万人，你答对了吗？

这是一个很大很大的数字，你可能不知道是多少，只要知道是很多很多的人就够了。

那我再问你两个问题，在这张表格中：
（1）哪个国家人口最多？
（2）哪个国家人口数量排第二？

哈哈，我想你肯定要犯迷糊了！

别急别急，我教你一个简单的方法。如果我们看看下一页的这张人口统计图呢？

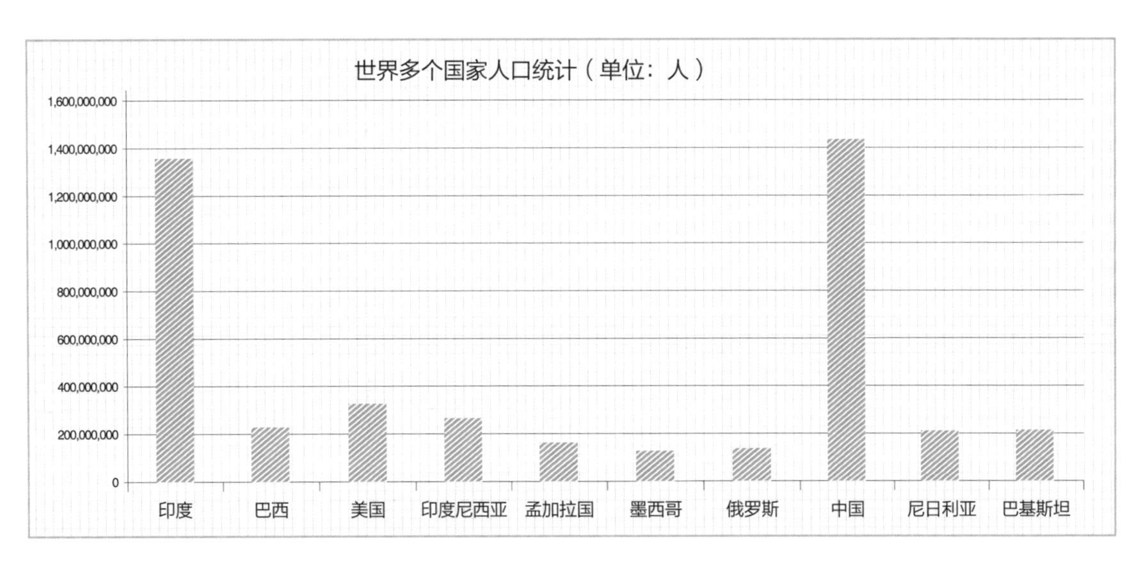


这张图里面，每一个国家的人口都用一个柱子表示，柱子的下方是国家的名字。

比如第一个柱子代表的是印度的人口。

小朋友，你发现没有，当给你表格的时候，一堆数据会使人无从下手，但如果给你的是一张图，那就一下子清晰起来了。

这就是画图的神奇之处，上面的图形叫作柱状图。

## 1.2 柱状图的历史

柱状图是苏格兰一位名叫威廉 · 普莱费尔（William Playfair）的工程师和经济学家发明的，他出生于 1759 年。

在 1786 年，他在著作《商业与政治图解集》中画了一张图：

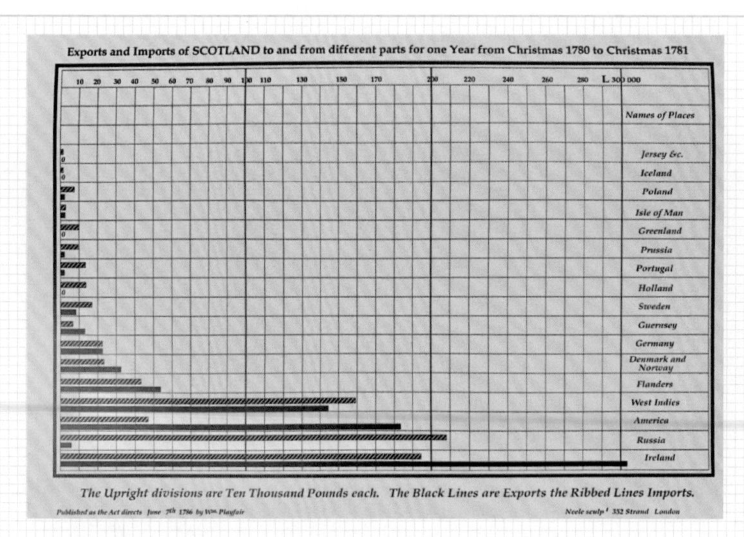


这张图描述了1780—1781年苏格兰与其他17个国家（地区）的进口和出口情况。这张图就是最早的柱状图，当时叫条形图（bar chart），因为它的柱子是横过来的。

你能从图上看出来，当时与苏格兰进出口贸易最多的是谁吗？

对了，就是最下面的那根最长的柱子，一个叫作爱尔兰（Ireland）的国家。

## 2 学习制作柱状图

下面我来教你们制作柱状图。

家里的桌子上有一些水果：

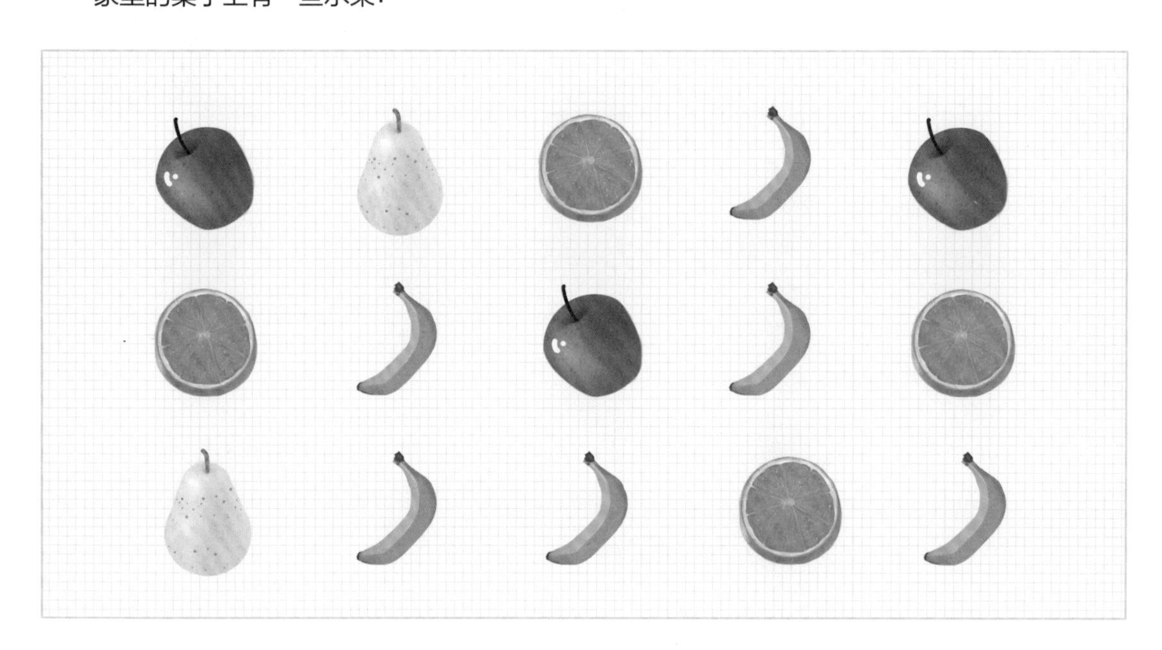

① 数一数，把它们的数量填在下面的表格里吧：

| 水果 | 数量 |
| --- | --- |
| 苹果（图） | |
| 梨（图） | |
| 橙子（图） | |
| 香蕉（图） | |

② 接下来，下面的图中，每一个格子表示 1 个水果，每一种水果都有 1 根柱子，请为它们涂上颜色吧。

比如苹果的数量是 3，那么就在苹果那一栏从下往上，涂满 3 个格子。

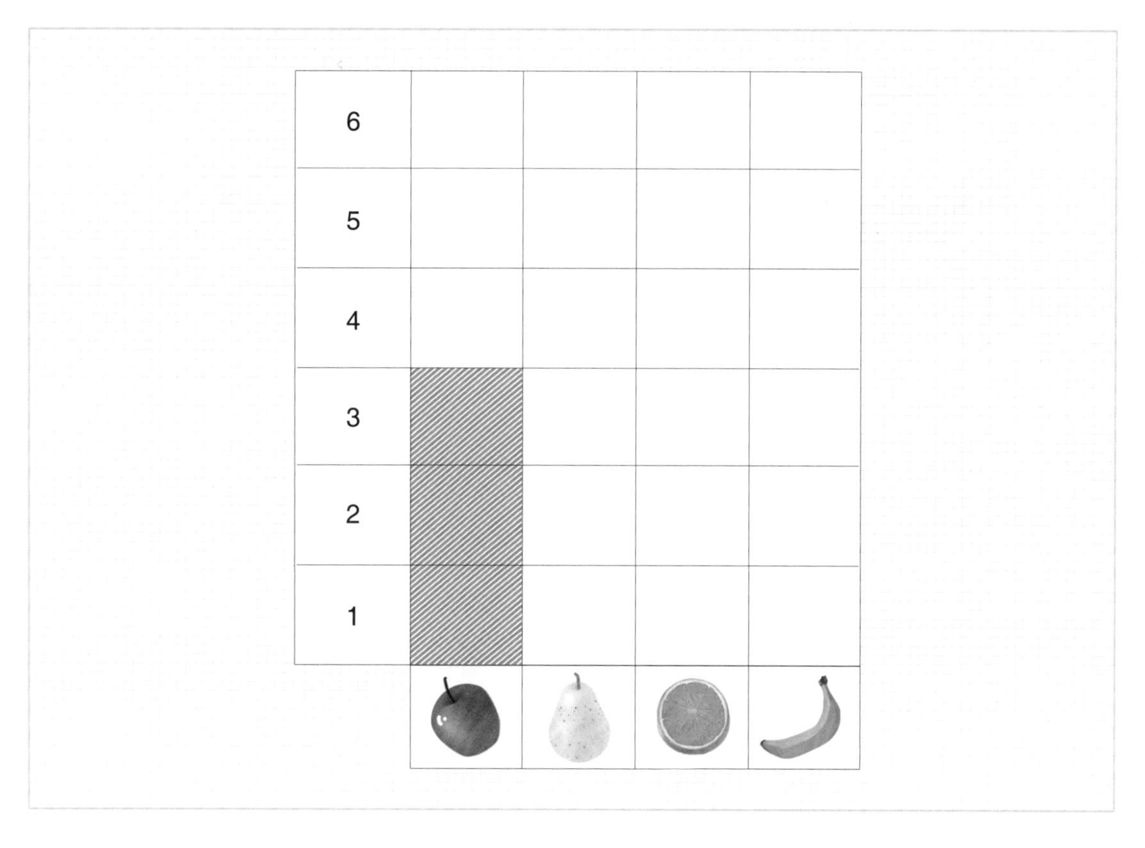

好啦，接下来请你在上一页第 2 幅图中，根据其他 3 种水果的数量，涂上相应的颜色吧！

画好了吗？

你真是太棒了！恭喜你，终于完成了你的第一张柱状图。

# 3 任务指派

小明搬了新家，他突然看到新家的外面有一个奇怪的“表”，感到非常好奇。他问爸爸：“这是什么呀？”

爸爸告诉他，这叫电表，家里所有的洗衣机、冰箱、空调都是需要消耗电才能工作的，而电表的作用就是记录家里每天的用电量。

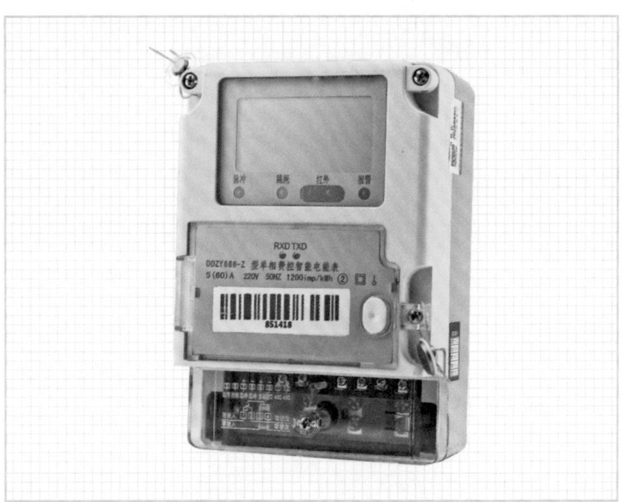


# 4 任务开始

## 4.1 电表读数柱状图

爸爸请小明记录一下每天家里的用电量，他每天都把电表上的读数告诉小明。电表读数就是电表上显示的数字。

下一页上有小明记录下来的读数。一开始电表的读数是 0。

| 星期 | 电表读数 |
| --- | --- |
| 周一 | 2 |
| 周二 | 5 |
| 周三 | 7 |
| 周四 | 8 |
| 周五 | 10 |
| 周六 | 14 |
| 周日 | 19 |

③ 请你帮小明画一张每日电表读数的柱状图吧。

| | | | | | | | |
| --- | --- | --- | --- | --- | --- | --- | --- |
| 19 | | | | | | | |
| 18 | | | | | | | |
| 17 | | | | | | | |
| 16 | | | | | | | |
| 15 | | | | | | | |
| 14 | | | | | | | |
| 13 | | | | | | | |
| 12 | | | | | | | |
| 11 | | | | | | | |
| 10 | | | | | | | |
| 9 | | | | | | | |
| 8 | | | | | | | |
| 7 | | | | | | | |
| 6 | | | | | | | |
| 5 | | | | | | | |
| 4 | | | | | | | |
| 3 | | | | | | | |
| 2 | | | | | | | |
| 1 | | | | | | | |
| | 周一 | 周二 | 周三 | 周四 | 周五 | 周六 | 周日 |

## 4.2 每日用电柱状图

上一页中你画的图是电表的读数，但这还不是每天的用电量哦，因为电表读数是每天都在往上增加的，所以今天的读数会比昨天的大，明天的读数会比今天的大。

每天的用电量是把当天的电表读数减去前一天的电表读数算出来的。

如果你要算今天的用电量是多少千瓦时（千瓦时就是我们平时所说的“度”），那么就要把今天的电表读数减去昨天的电表读数。

比如周一的用电量是：

$$2-0=2\text{（千瓦时）}$$

周二的用电量是：

$$5-2=3\text{（千瓦时）}$$

④ 请你帮小明计算每天的用电量，并填在下面的表格里吧！

| 星期 | 用电量 |
| --- | --- |
| 周一 | 2 |
| 周二 | 3 |
| 周三 | |
| 周四 | |
| 周五 | |
| 周六 | |
| 周日 | |

⑤ 请你帮小明画一张每日用电量的柱状图吧！

| 5 | | | | | | | |
|---|---|---|---|---|---|---|---|
| 4 | | | | | | | |
| 3 | | | | | | | |
| 2 | | | | | | | |
| 1 | | | | | | | |
| | 周一 | 周二 | 周三 | 周四 | 周五 | 周六 | 周日 |

## 4.3 结果分析

⑥ 从柱状图上，你能看出小明家哪一天的用电量最多吗？哪一天的用电量排第二呢？

想一想为什么，说出你的理由：

你也可以让爸爸妈妈把家里电表的读数抄给你，每天记录一下家里的用电情况哟。

动手试试吧，你也能画出一张漂亮的柱状图！

# 参考答案

# 第 1 章

## 思维训练

❶
（1）3 个方框内各放一块积木
（2）把 3 块积木拼在一起，放在方框内
（3）
（4）

❷
（1）5 个方框内各放一块积木
（2）把 5 块积木拼在一起，放在方框内
（3）
（4）

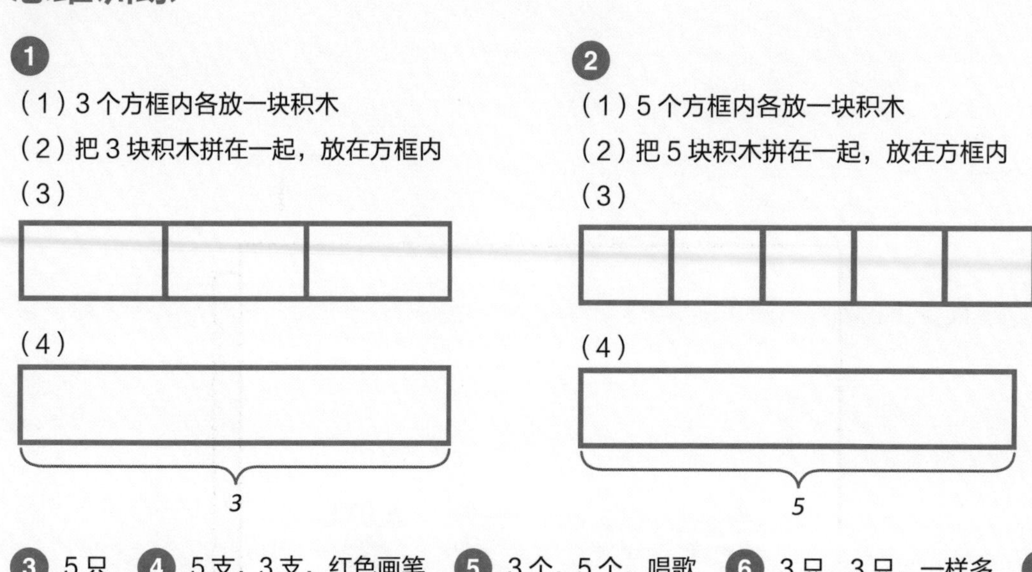


❸ 5 只 ❹ 5 支，3 支，红色画笔 ❺ 3 个，5 个，唱歌 ❻ 3 只，3 只，一样多 ❼ 一样多 ❽ 猪八戒，孙悟空，因为猪八戒的方框比孙悟空的方框长

❾ ❿ ⓫ ⓬

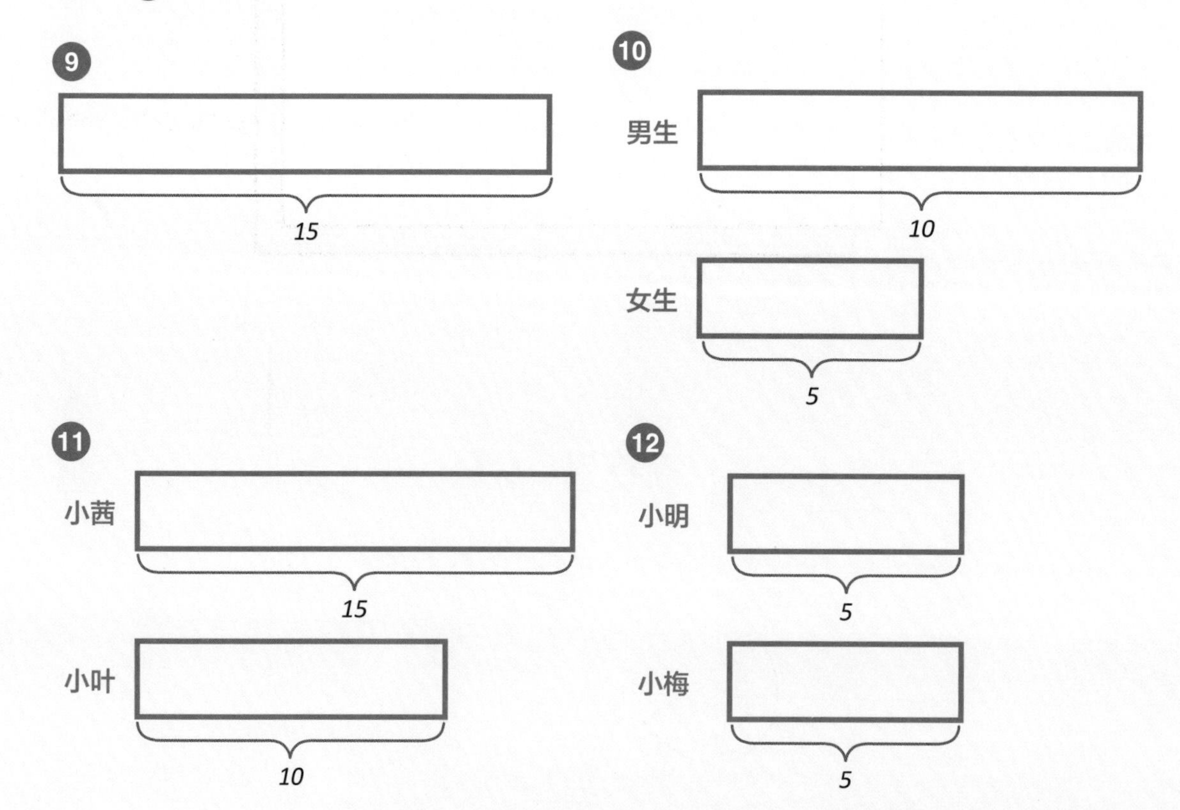

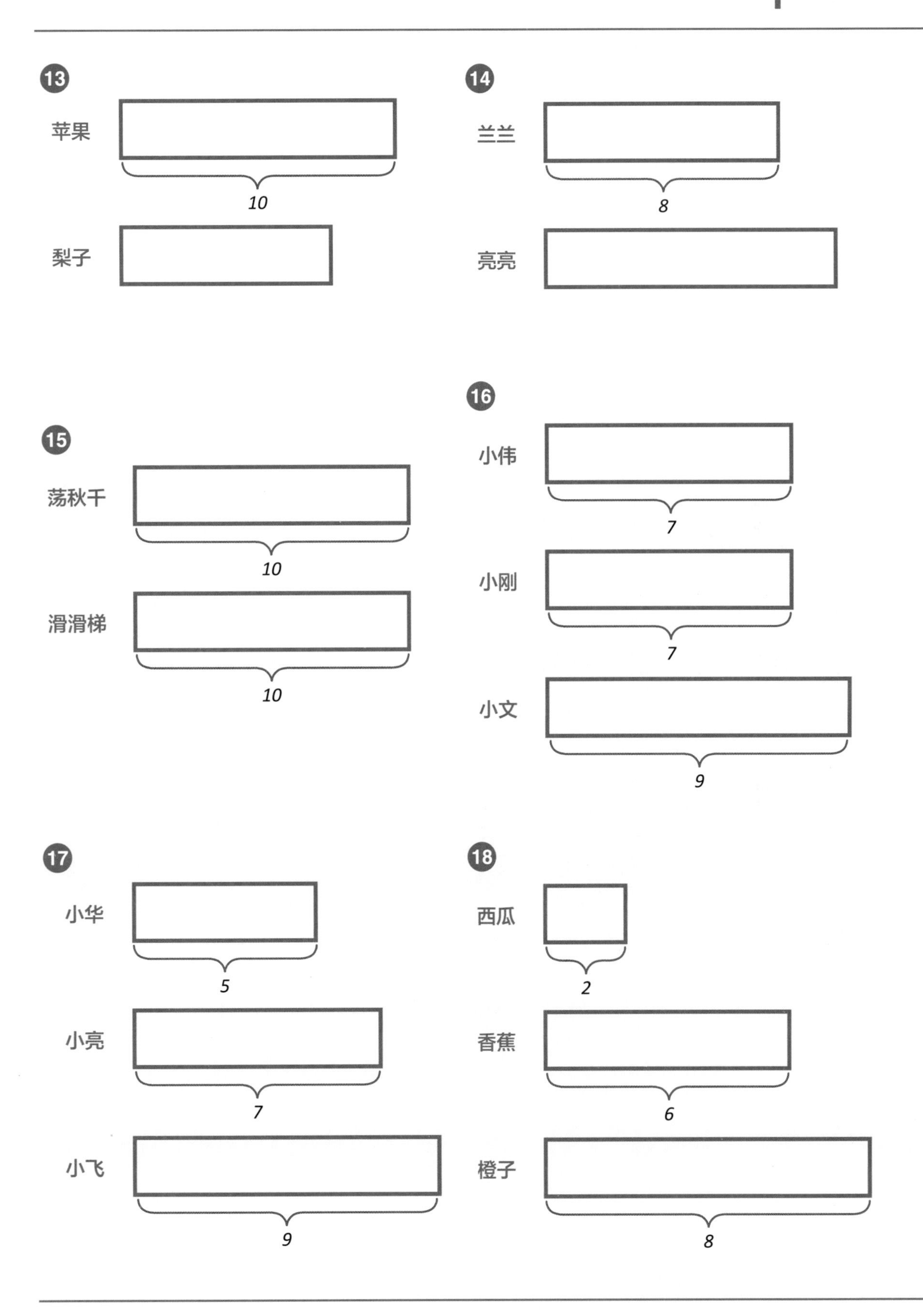
13
苹果
10
梨子
14
兰兰
8
亮亮
15
荡秋千
10
滑滑梯
10
16
小伟
7
小刚
7
小文
9
17
小华
5
小亮
7
小飞
9
18
西瓜
2
香蕉
6
橙子
8

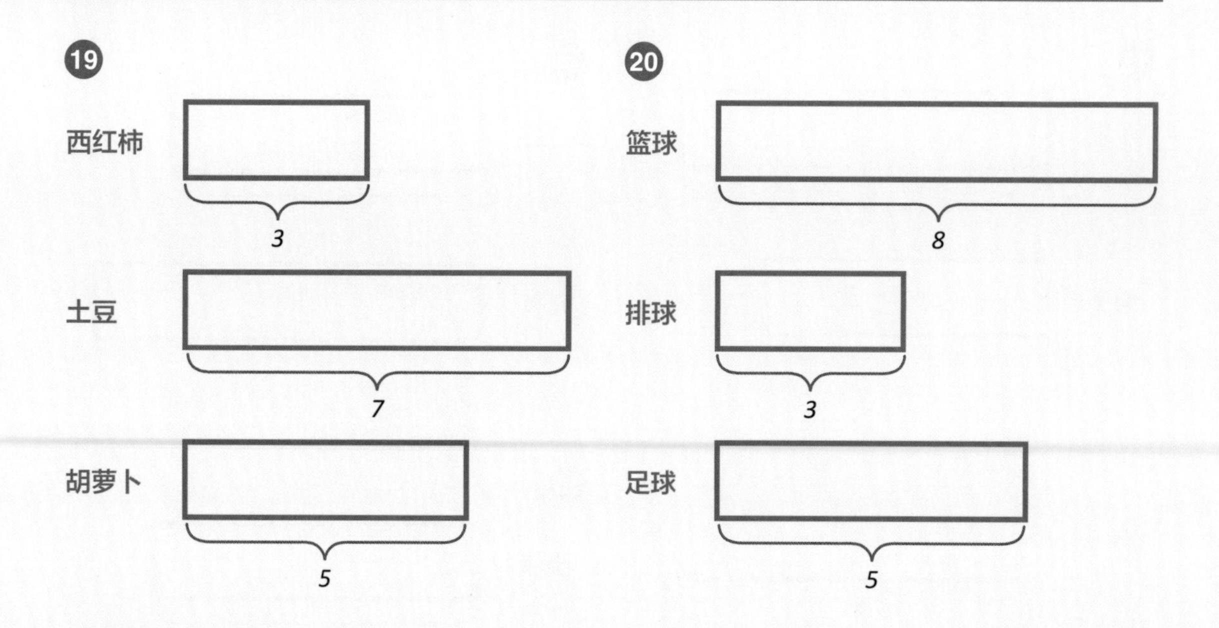


## 英语小拓展

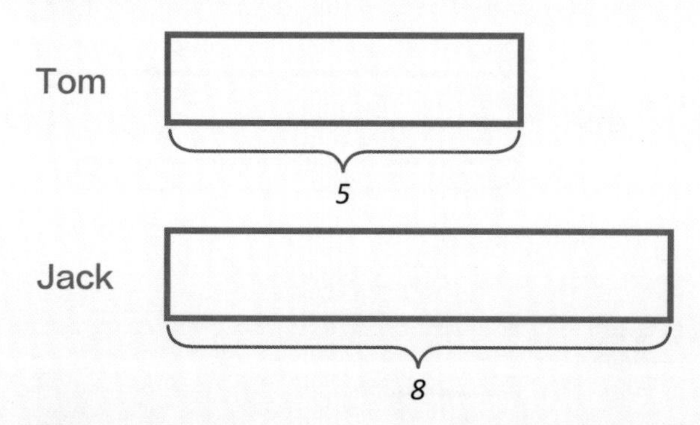


2 Mary，Alice

# 第 2 章

（1）70

（2）210

（3）500

（4）1030

# 第 3 章

## 思维训练

**1**

（1）已知量：男同学 30 个，女同学 20 个

　　未知量：同学总人数

（2）

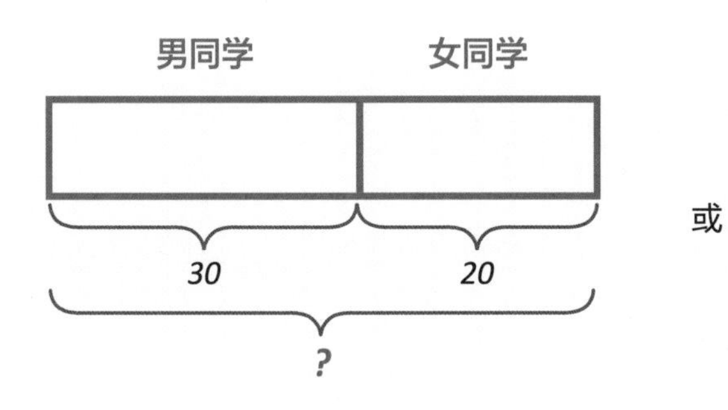


或

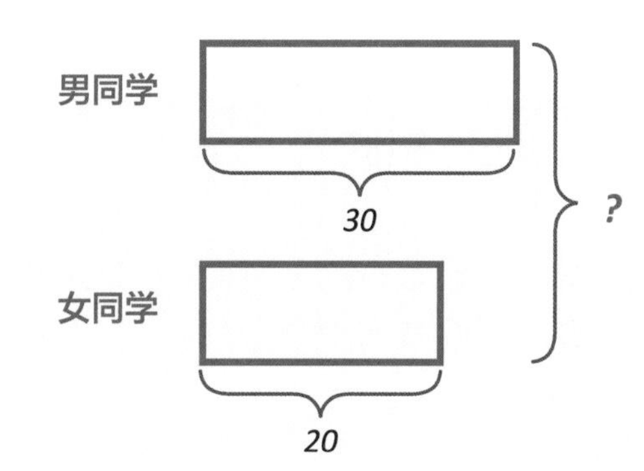


（3）30 + 20 = 50（个）

（4）答：操场上一共有 50 个同学。

**2**

（1）已知量：一共 50 个同学，男同学 30 个

　　未知量：女同学人数

（2）

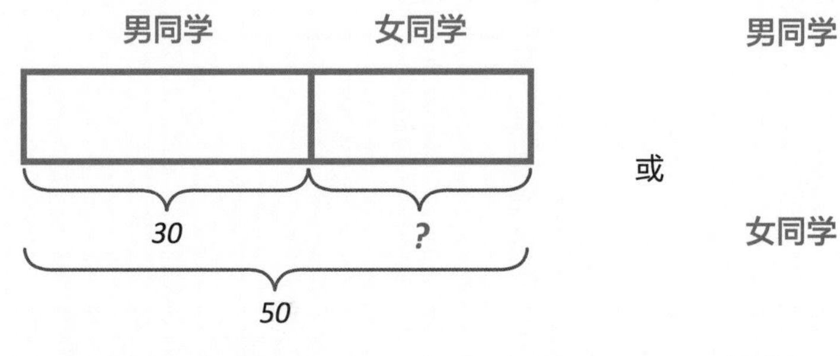


或

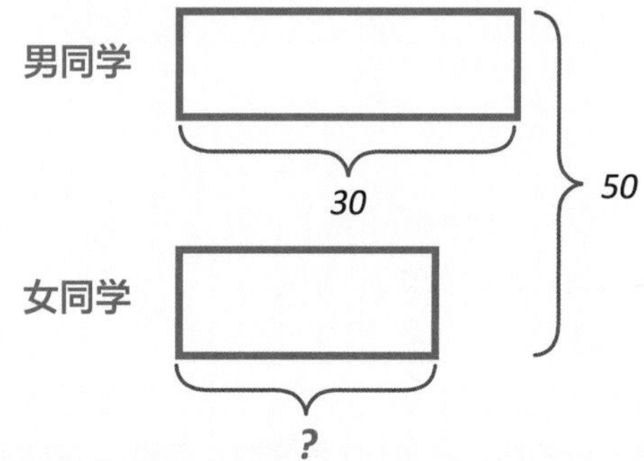


（3）50 − 30 = 20（个）

（4）答：女同学有 20 个。

3

（1）已知量：一共50个同学，女同学20个
未知量：男同学人数

（2）

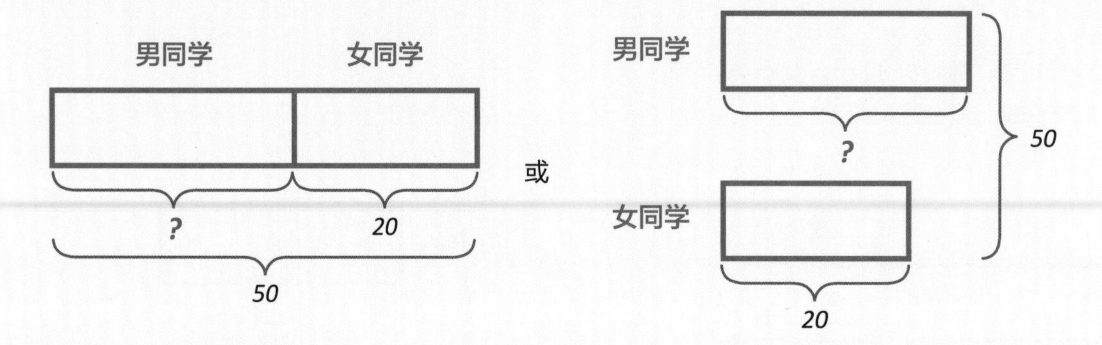


（3）50 − 20 = 30（个）

（4）答：男同学有30个。

4

（1）已知量：60颗葡萄，吃掉20颗
未知量：剩下的葡萄数量

（2）

吃掉的　剩下的

20　?

60

或

吃掉的
20
60
剩下的
?

（3）60 − 20 = 40（颗）

（4）答：还剩下40颗葡萄。

5

（1）已知量：吃了20颗葡萄，还剩下40颗
未知量：葡萄的总数

（2）

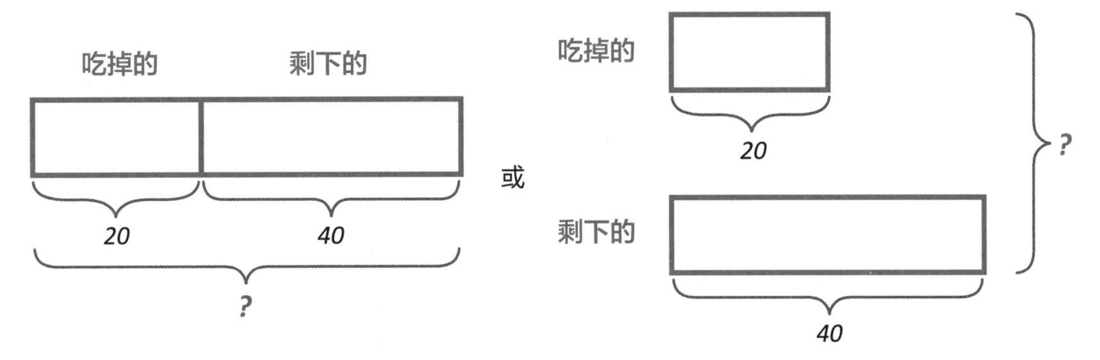


（3）20 + 40 = 60（颗）

（4）答：妈妈一共买了 60 颗葡萄。

**6**

（1）已知量：草莓味 10 个，香草味 20 个，巧克力味 30 个

未知量：冰激凌的总数

（2）

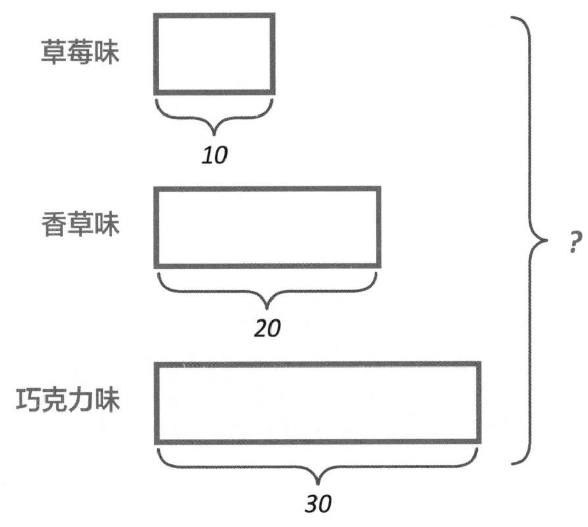


或

草莓味　香草味　巧克力味

10　20　30

?

（3）10 + 20 + 30 = 60（个）

（4）答：一共有 60 个冰激凌。

**7**

（1）已知量：一共 60 个冰激凌，草莓味 10 个，香草味 20 个

未知量：巧克力味冰激凌的数量

（2）

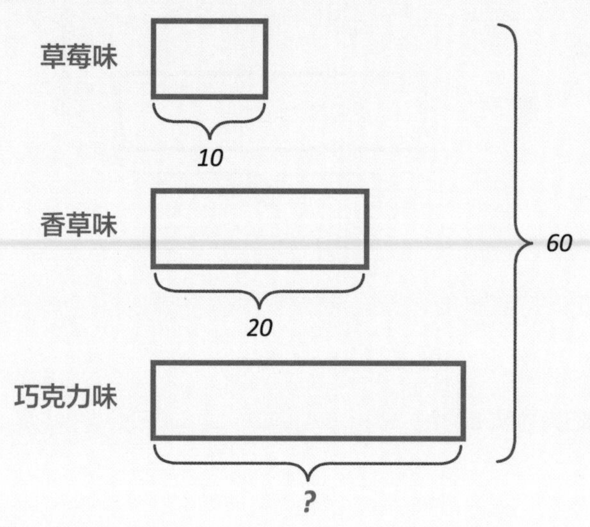


或

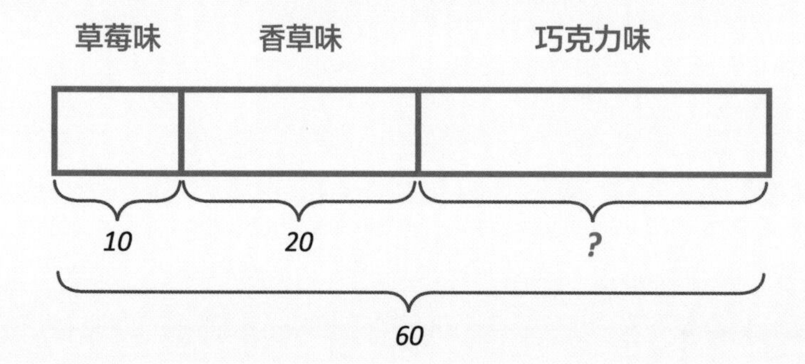


（3）60 − 10 − 20 = 30（个）

（4）答：有 30 个巧克力味冰激凌。

**8**

（1）已知量：一共 80 颗荔枝，哥哥吃了 10 颗，妹妹吃了 20 颗

未知量：剩下的荔枝的数量

（2）

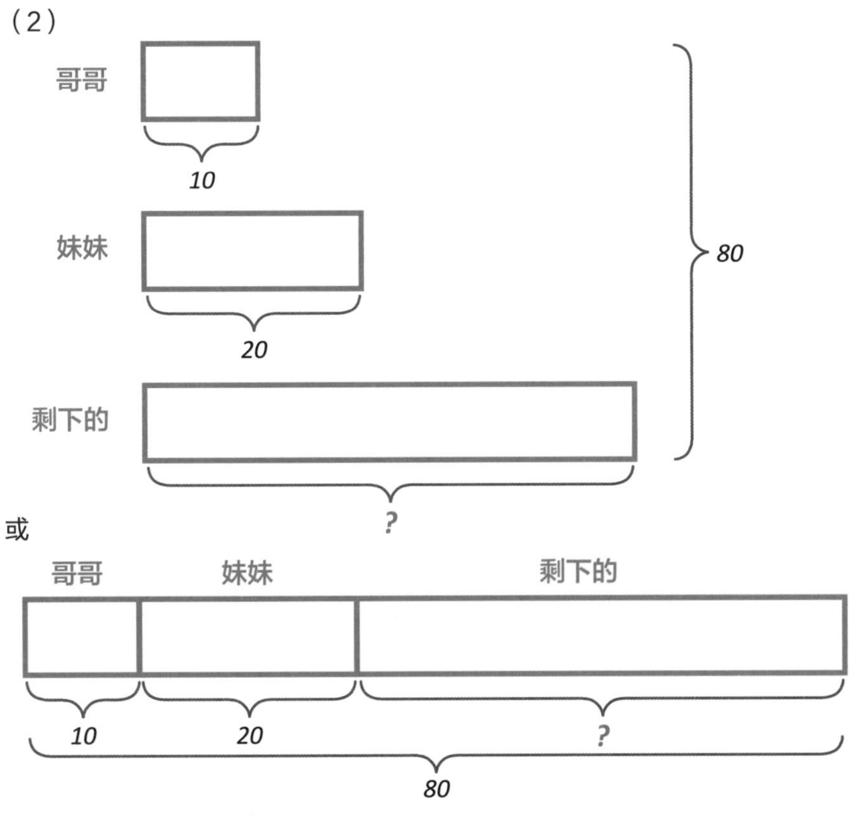


（3）80 − 10 − 20 = 50（颗）

（4）答：还剩下 50 颗荔枝。

**9**

（1）无标准答案，例子仅供参考：

小军有 2 块蓝色积木、3 块红色积木、4 块绿色积木。请问小军一共有多少块积木?

（2）已知量：蓝色积木 2 块，红色积木 3 块，绿色积木 4 块

未知量：积木总数

（3）2 + 3 + 4 = 9（块）

（4）答：小军一共有 9 块积木。

**10**

（1）无标准答案，例子仅供参考：

小军的积木有蓝色的、红色的和绿色的，一共有 9 块，其中蓝色积木有 2 块，绿色积木有 4 块。请问小军有多少块红色积木?

（2）已知量：积木总数 9 块，蓝色积木 2 块，绿色积木 4 块

未知量：红色积木数量

（3）9 − 2 − 4 = 3（块）

（4）答：小军有 3 块红色积木。

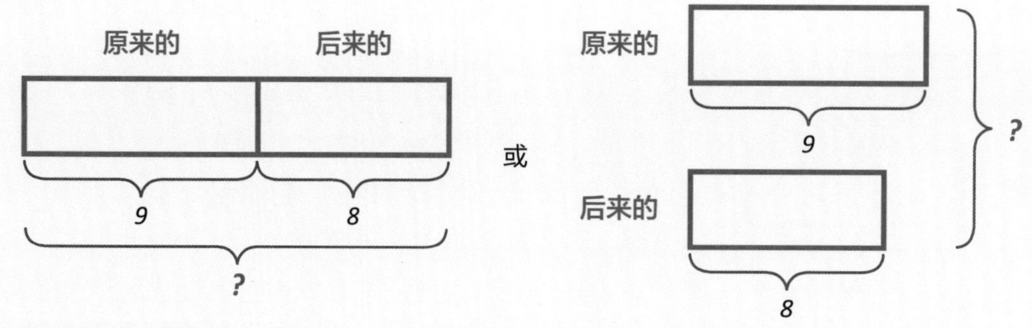


9 + 8 = 17（只）

答：此时树上一共有 17 只小鸟。

注意，每人一把椅子，爸爸自己也应该算进去。

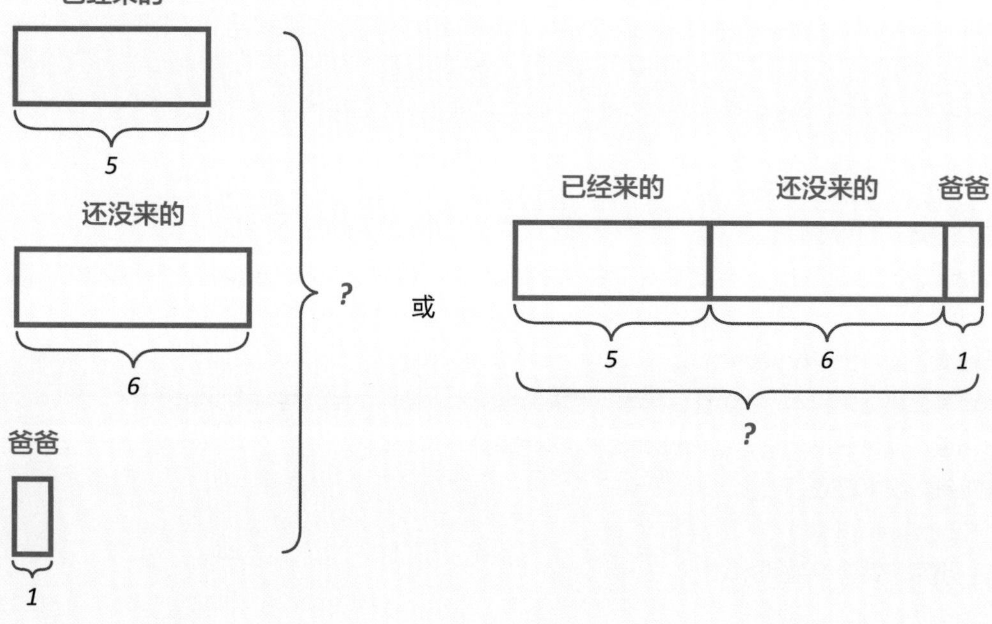


5 + 6 + 1 = 12（把）

答：服务员一共要摆 12 把椅子。

**13**

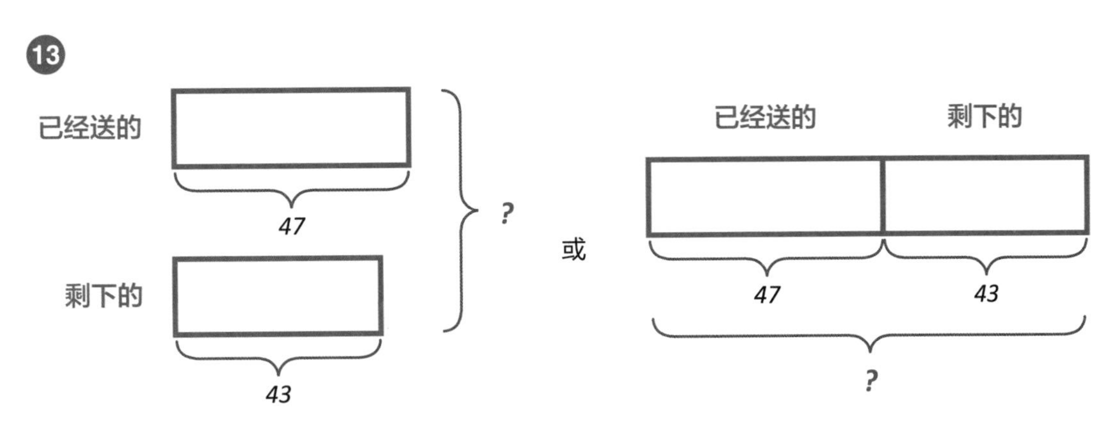


47 + 43 = 90（个）

答：快递员叔叔今天一共要送 90 个包裹。

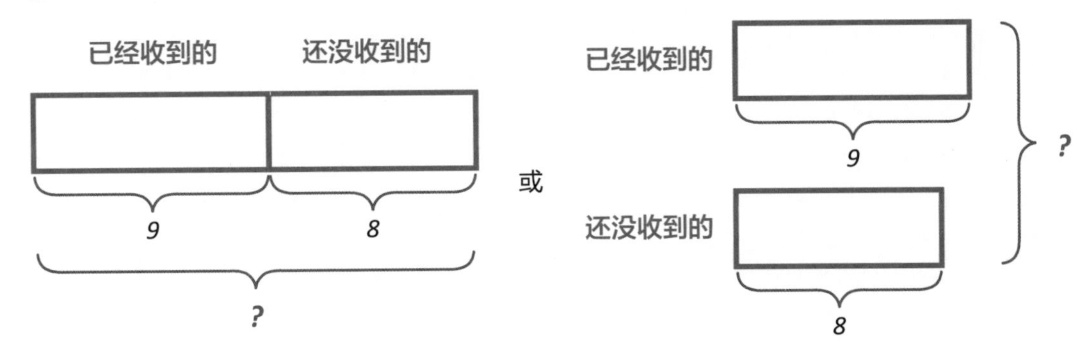


9 + 8 = 17（件）

答：妈妈一共买了 17 件商品。

**15**

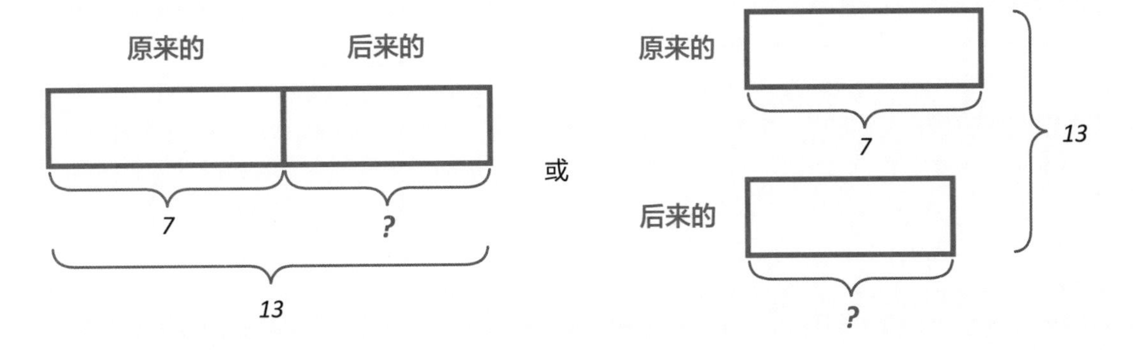


13 − 7 = 6（只）

答：飞过来 6 只小鸟。

16

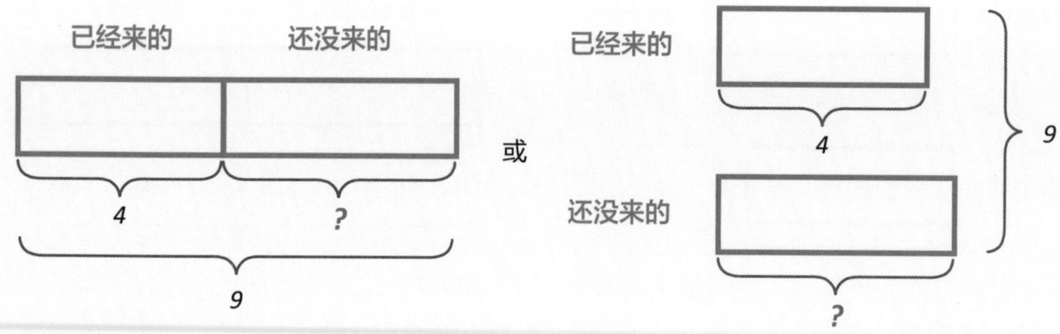


9 − 4 = 5（位）

答：还有 5 位客人没有来。

17

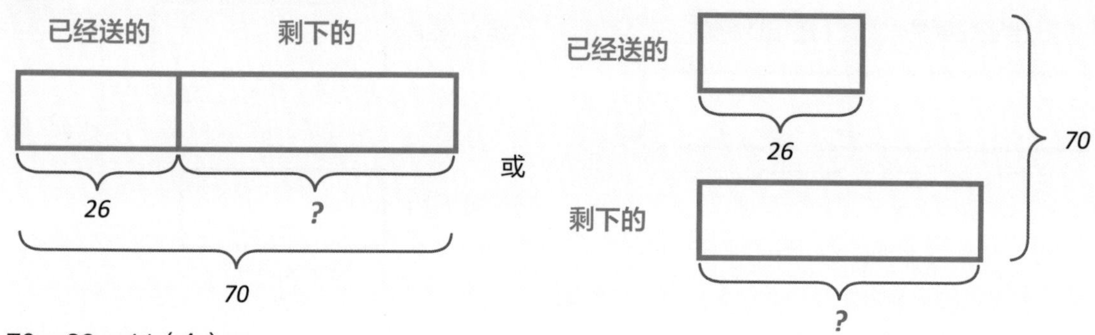


70 − 26 = 44（个）

答：快递员叔叔还需要送 44 个包裹。

18

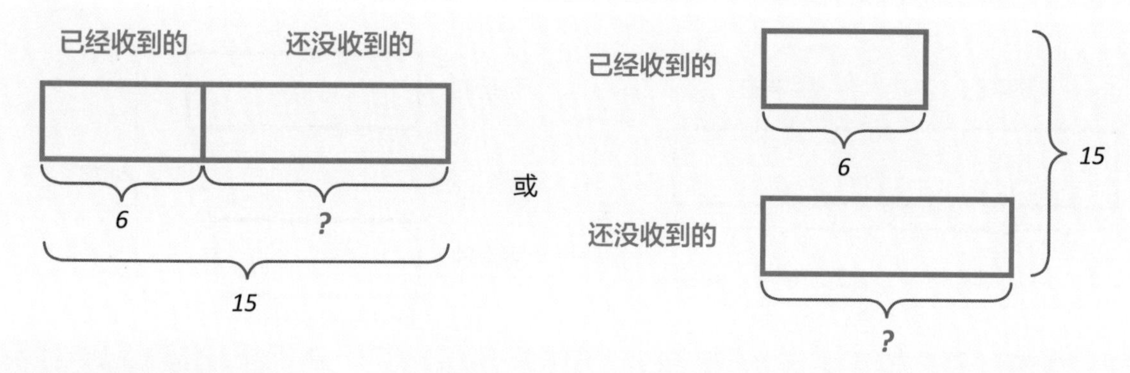


15 − 6 = 9（件）

答：还有 9 件没有收到。

**19**

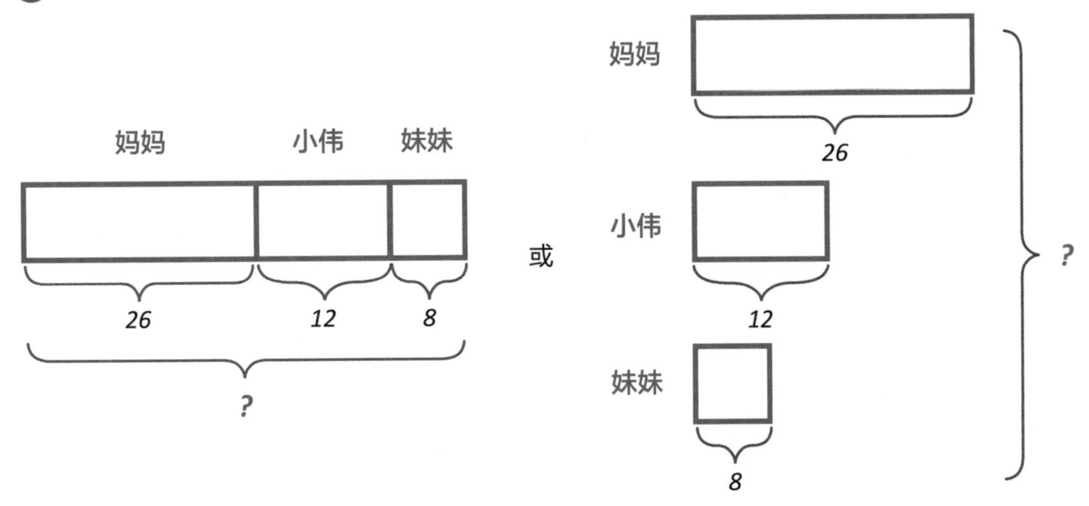


26 + 12 +8 = 46（个）

答：一共包了 46 个饺子。

**20**

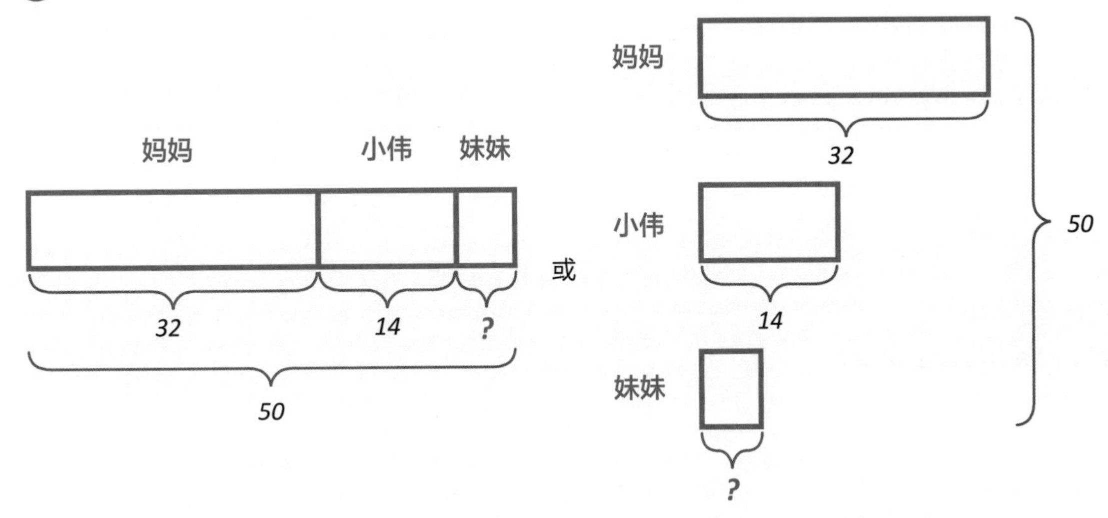


50 − 32 − 14 = 4（个）

答：妹妹包了 4 个饺子。

# 英语小拓展

❶

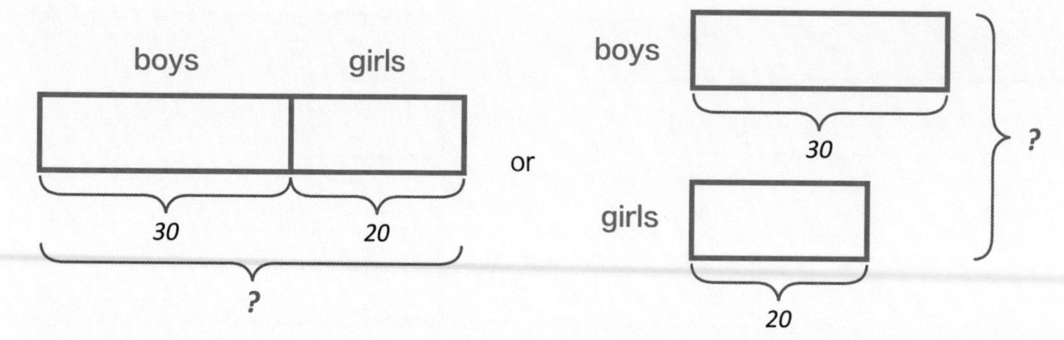


30 + 20 = 50

There are 50 students altogether on the playground.

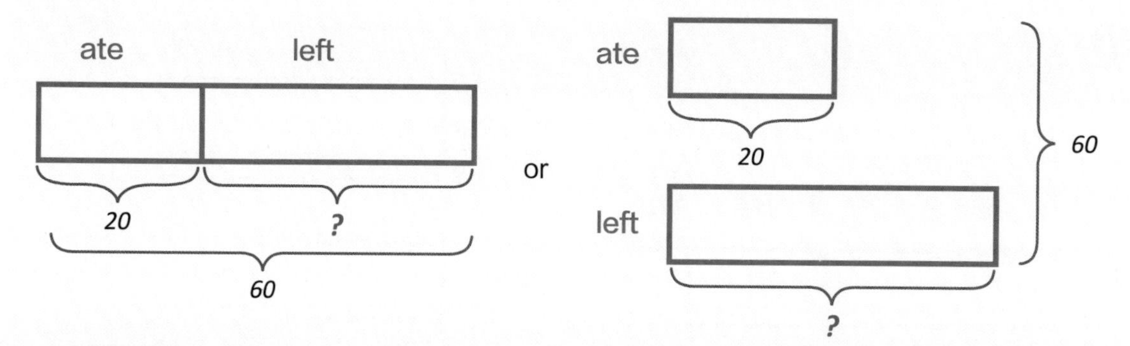


60 − 20 = 40

Mary had 40 grapes left.

# 第 4 章

## 思维训练

**1**

（1）已知量：一班栽了 20 棵树，二班栽了 30 棵树

未知量：二班比一班多栽了多少棵树

（2）

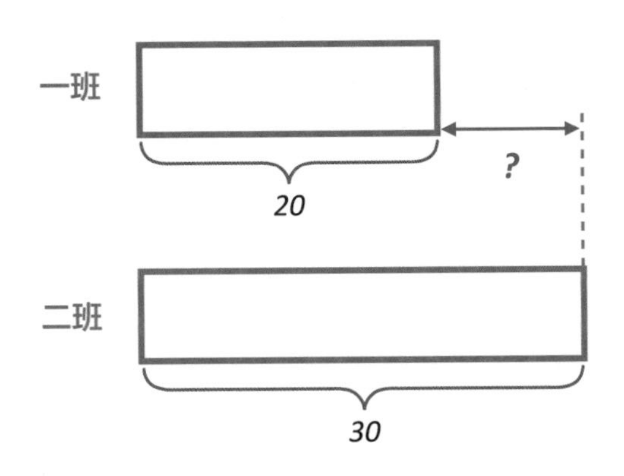


（3）30 − 20 = 10（棵）

（4）答：二班比一班多栽了 10 棵树。

**2**

（1）已知量：二班栽了 30 棵树，比一班多栽了 10 棵树

未知量：一班栽了多少棵树

（2）

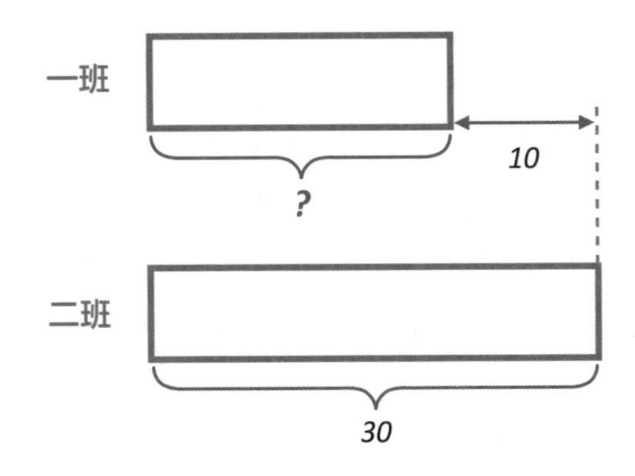


（3）30 − 10 = 20（棵）

（4）答：一班栽了 20 棵树。

**3**

（1）已知量：一班栽了 20 棵树，比二班少栽了 10 棵树

未知量：二班栽了多少棵树

（2）

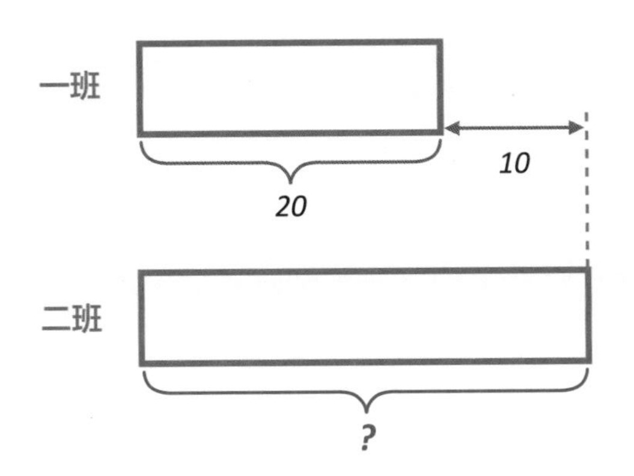


（3）20 + 10 = 30（棵）

（4）答：二班栽了 30 棵树。

**4**

（1）无标准答案，例子仅供参考：
今天妈妈买了 3 个苹果和一些梨子，梨子比苹果多 2 个。请问妈妈买了几个梨子?

（2）已知量：苹果 3 个，梨子比苹果多 2 个
未知量：梨子的数量

（3）$3+2=5$（个）

（4）答：妈妈买了 5 个梨子。

**5**

（1）无标准答案，例子仅供参考：
今天妈妈买了 5 个梨子和 3 个苹果。请问梨子比苹果多几个?

（2）已知量：梨子 5 个，苹果 3 个
未知量：梨子比苹果多几个

（3）$5-3=2$（个）

（4）答：梨子比苹果多 2 个。

**6**

（1）无标准答案，例子仅供参考：
今天妈妈买了 5 个梨子和一些苹果，梨子比苹果多 2 个。请问妈妈买了几个苹果?

（2）已知量：梨子 5 个，梨子比苹果多 2 个
未知量：苹果的数量

（3）$5-2=3$（个）

（4）答：妈妈买了 3 个苹果。

**7**

蓝色积木有 5 块，红色积木有 9 块，请问蓝色积木比红色积木少几块?

**8**

蓝色积木有 8 块，红色积木有 5 块，请问蓝色积木比红色积木多几块?

**9**

（1）无标准答案，例子仅供参考：
今天妈妈买了 8 个苹果和一些梨子、橙子，梨子比苹果多 7 个，橙子比梨子多 2 个。请问妈妈买了几个梨子和几个橙子?

（2）已知量：苹果 8 个，梨子比苹果多 7 个，橙子比梨子多 2 个
未知量：梨子和橙子的数量

（3）$8+7=15$（个）
$15+2=17$（个）

（3）答：妈妈买了 15 个梨子和 17 个橙子。

**10**

（1）无标准答案，例子仅供参考：
今天妈妈买了 20 个橙子和一些梨子、苹果，梨子比橙子少 4 个，苹果比橙子少 6 个。请问妈妈买了几个梨子和几个苹果?

（2）已知量：橙子 20 个，梨子比橙子少 4 个，苹果比橙子少 6 个
未知量：梨子和苹果的数量

（3）$20-4=16$（个）
$20-6=14$（个）

（4）答：妈妈买了 16 个梨子和 14 个苹果。

**11**

（1）无标准答案，例子仅供参考：

今天妈妈买了 12 个梨子和一些苹果、橙子，苹果比梨子多 4 个，橙子比苹果多 6 个。请问妈妈买了几个苹果和几个橙子?

（2）已知量：梨子 12 个，苹果比梨子多 4 个，橙子比苹果多 6 个

未知量：苹果和橙子的数量

（3）$12 + 4 = 16$（个）

$16 + 6 = 22$（个）

（4）答：妈妈买了 16 个苹果和 22 个橙子。

**12**

（1）已知量：足球 26 个，足球比篮球多 7 个，篮球比排球多 3 个

未知量：篮球和排球的数量

（2）

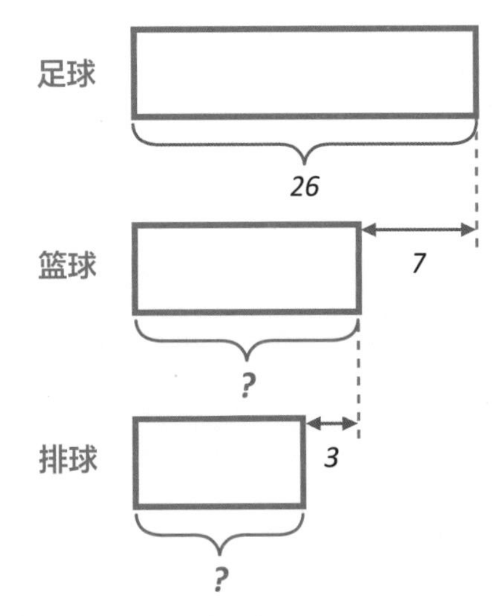


（3）$26 - 7 = 19$（个）

$19 - 3 = 16$（个）

（4）答：篮球有 19 个，排球有 16 个。

**13**

（1）已知量：足球 35 个，足球比篮球多 4 个，足球比排球多 12 个

未知量：篮球和排球的数量

（2）

足球
35
篮球
4
?
排球
12
?

（3）$35 - 4 = 31$（个）

$35 - 12 = 23$（个）

（4）答：篮球有 31 个，排球有 23 个。

**14**

（1）已知量：足球 19 个，足球比篮球多 7 个，排球比篮球少 11 个

未知量：篮球和排球的数量

（2）

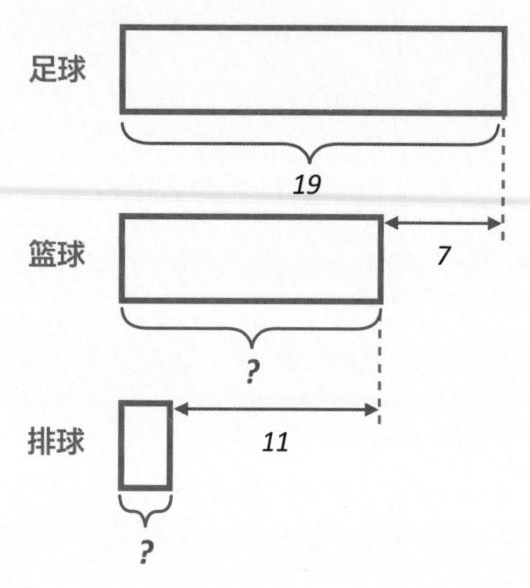


（3）

19 − 7 = 12（个）

12 − 11 = 1（个）

（4）答：篮球有 12 个，排球有 1 个。

**15**

（1）已知量：足球比篮球多 8 个，排球比橄榄球少 11 个，篮球比排球多 5 个

未知量：足球和橄榄球哪个数量更多，差几个

（2）本题未给出具体的数量，只有 4 种球的数量的差值。

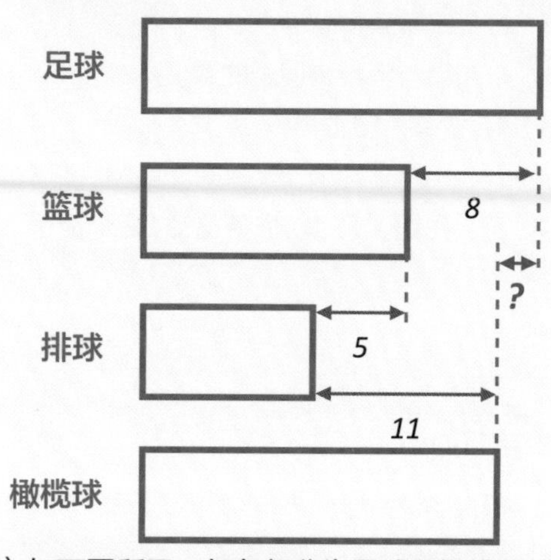


（3）如下图所示，红色部分为足球和橄榄球的差值，分为两步来考虑：

第 1 步：橄榄球比篮球多的数量：

11 − 5 = 6（个）

第 2 步：足球比篮球多 8 个，而橄榄球比篮球多 6 个，因此足球比橄榄球多：

8 − 6 = 2（个）

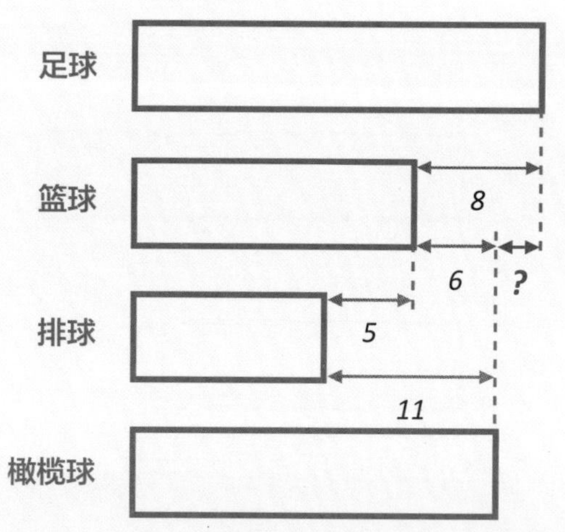


（4）答：足球的数量更多，差了 2 个。

**16**

（1）已知量：面包 136 块，饼干比面包多 68 块

未知量：饼干的数量

（2）

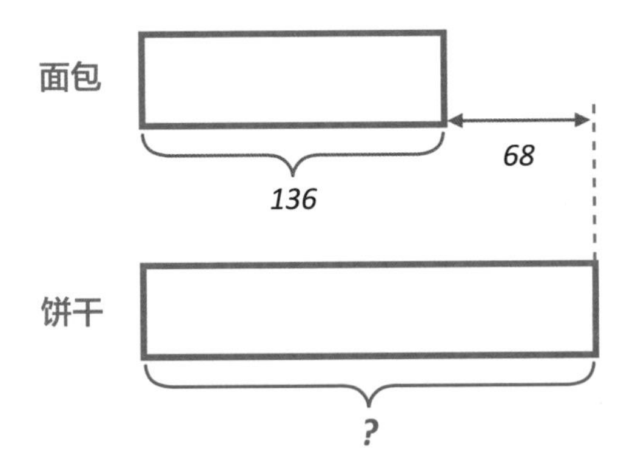


（3）136 + 68 = 204（块）

（4）答：面包店今天做了 204 块饼干。

**17**

（1）已知量：男同学 546 名，比女同学多 38 名

未知量：女同学的数量

（2）

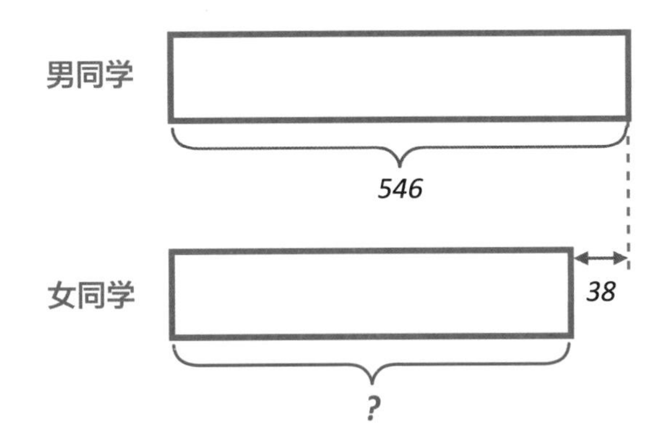


（3）546 − 38 = 508（名）

（4）答：学校里有 508 名女同学。

**18**

（1）已知量：丹丹和东东的图画书一样多，丹丹送了 5 本书给别人。

未知量：丹丹比东东少多少本书

（2）

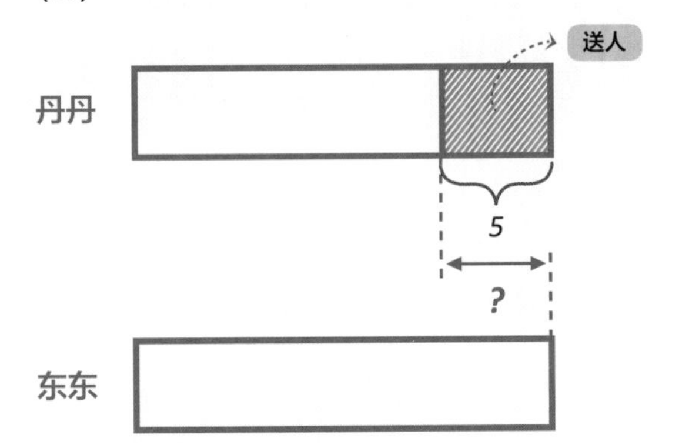


（3）答：此时丹丹比东东少 5 本书。

**19**

（1）已知量：小青和小丽有一样多的画笔，小青送出去 8 支，小丽又多了 9 支

未知量：此时小丽比小青多了多少支画笔

（2）

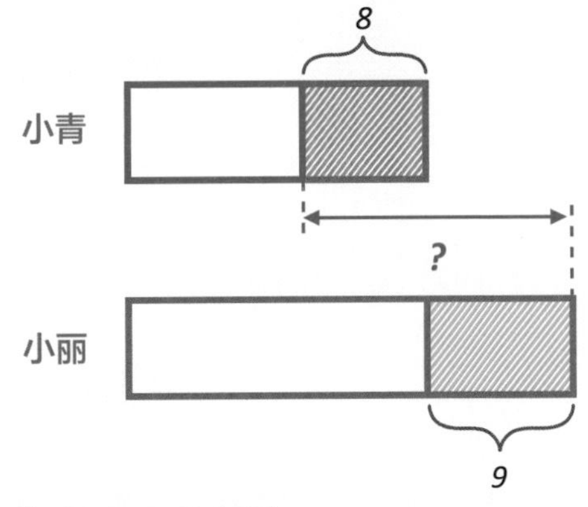


（3）8 + 9 = 17（支）

（4）答：此时小丽比小青多了 17 支画笔。

**20**

（1）已知量：小华和小晨看的书一样多，小华又看了 5 页，小晨又看了 10 页

未知量：此时小晨比小华多看了多少页

（2）

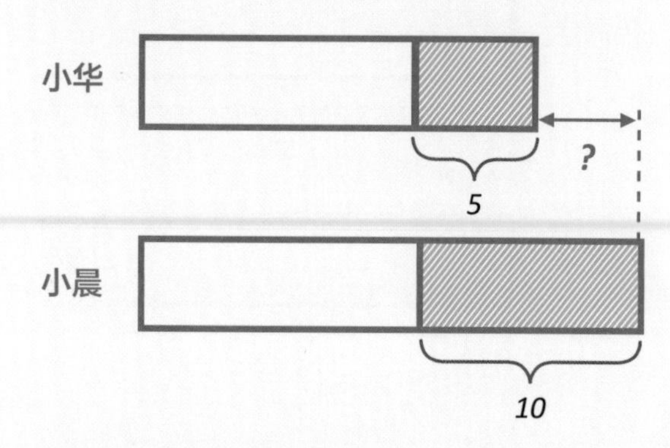


（3）10 − 5 = 5（页）

（4）答：此时小晨比小华多看了 5 页。

## 英语小拓展

**1**

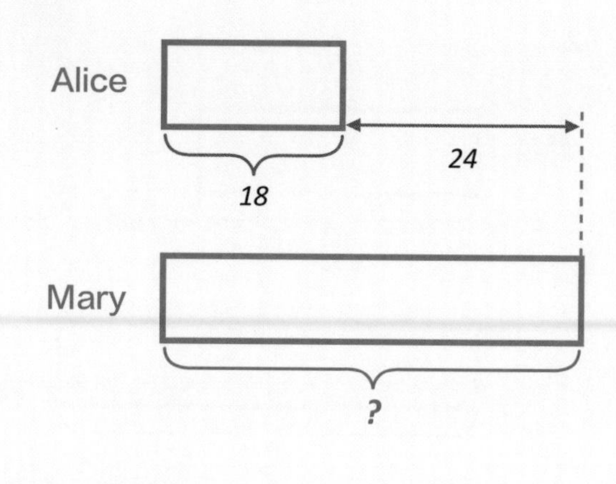


18 + 24 = 42

Mary baked 42 cupcakes.

**2**

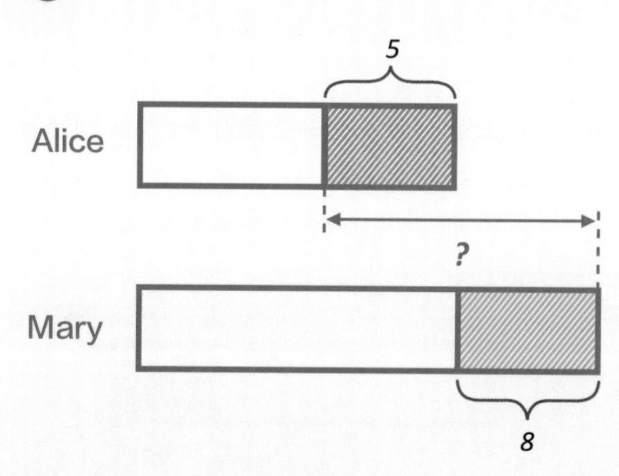


8 + 5 = 13

Mary has 13 more apples than Alice in the end.

# 第 5 章

1

| 水果 | 数量 |
|---|---|
|  | 3 |
|  | 2 |
|  | 4 |
|  | 6 |

2

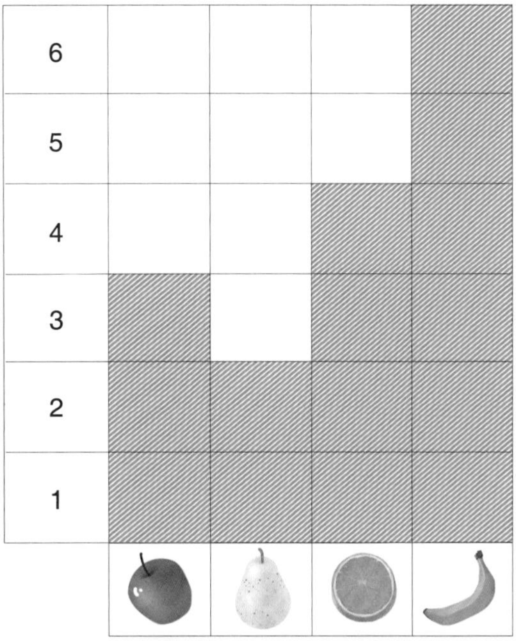

| | | | | |
|---|---|---|---|---|
| 6 | | | | |
| 5 | | | | |
| 4 | | | | |
| 3 | | | | |
| 2 | | | | |
| 1 | | | | |

3

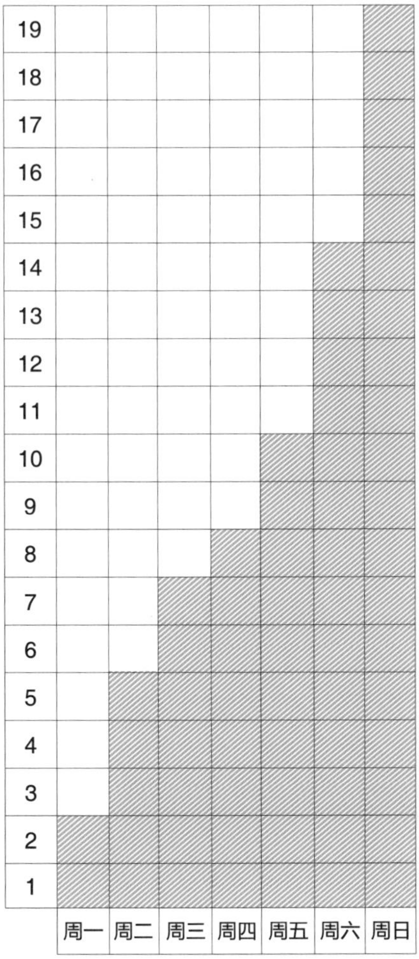

| | 周一 | 周二 | 周三 | 周四 | 周五 | 周六 | 周日 |
|---|---|---|---|---|---|---|---|
| 19 | | | | | | | |
| 18 | | | | | | | |
| 17 | | | | | | | |
| 16 | | | | | | | |
| 15 | | | | | | | |
| 14 | | | | | | | |
| 13 | | | | | | | |
| 12 | | | | | | | |
| 11 | | | | | | | |
| 10 | | | | | | | |
| 9 | | | | | | | |
| 8 | | | | | | | |
| 7 | | | | | | | |
| 6 | | | | | | | |
| 5 | | | | | | | |
| 4 | | | | | | | |
| 3 | | | | | | | |
| 2 | | | | | | | |
| 1 | | | | | | | |

4

| 星期 | 用电量 |
|---|---|
| 周一 | 2 |
| 周二 | 3 |
| 周三 | 2 |
| 周四 | 1 |
| 周五 | 2 |
| 周六 | 4 |
| 周日 | 5 |

**5**

| | | | | | | | |
|---|---|---|---|---|---|---|---|
| 5 | | | | | | | |
| 4 | | | | | | | |
| 3 | | | | | | | |
| 2 | | | | | | | |
| 1 | | | | | | | |
| | 周一 | 周二 | 周三 | 周四 | 周五 | 周六 | 周日 |

**6**

周日的用电量最多，周六的用电量排第二。

可能的原因是：周一到周五，家人们上班、上学，白天家里人少，用电少。周末家人们放假休息，家里人多，用电量大。